メイカーと
スタートアップのための
量産入門

200万円、1500個からはじめる少量生産のすべて

小美濃 芳喜 著

オライリー・ジャパン

Copyright © 2019 by Yoshiki Omino.

本書で使用するシステム名、製品名は、それぞれ各社の商標、または登録商標です。
なお、本文中では、TM、®、©マークは省略しています。

本書の内容について、株式会社オライリー・ジャパンは最大限の努力をもって正確を期していますが、
本書の内容に基づく運用結果については、責任を負いかねますので、ご了承ください。

はじめに

　もの心がついた頃には、すでに「作る」ことにはまっていました。気がつけば近所で有名な工作少年になっていました。私にとっての「もの心」は最初から「ものづくり」だったのです。
　小学生の頃、飛行機にはまりました。紙飛行機から始まって、模型飛行機・Uコン（年配の方ならご存知のエンジン付き模型飛行機を紐で操作するアレです）はいうに及ばず、固形燃料を使ったロケットエンジンまで飛ばしていました。
　中学生の頃は鉄道模型にはまりました。高校の頃は、当時話題の「太平洋ひとりぼっち」の堀江謙一氏に触発されて、仲間と本物のヨットを製作したこともあります。こうして乗り物に関しては、陸・海・空を制しました。
　大学では人力飛行機の製作に没頭しました。当時、私が進学した日本大学理工学部には日本航空学会会長を務めた木村秀政先生がおられ、ゼロ戦の堀越二郎氏をはじめ有名な航空技術者を臨時講師に招くなど、航空エンジニアを目指す若者がたくさん集まっていました。私たちが作った人力飛行機「ストーク号」が当時の世界記録を樹立しました。
　就職のとき、このまま航空機業界に進むか、世界記録樹立を区切りとしていったん離れるか、悩みました。
　エンジニアとして別の興味もわいていました。エレクトロニクスの世界です。
　当時はICチップをはじめ半導体周りの電子部品が続々と開発され、エレクトロニクス産業も一大転換期を迎えつつありました。
「どうせやるなら、最先端の世界で働いてみたい」
　志を胸に半導体の製造・開発で最先端をいく、アメリカは発明王エジソンが創業したRCA社に籍を置き、電子工学の修行に励みました。日進月歩の進化を遂げる電子部品に囲まれ、回路設計にいそしむ毎日でした。
　そのとき初めて「量産」というものを知りました。商品開発の担当でしたから、機器のエレクトロニクスはもちろん、筐体についての知識も必要

です。金型についても勉強せざるを得ませんでした（その頃の失敗談は184ページから記しています）。RCA社は1年勤めました。その後、帰国して電子医療などの仕事をしました。

　学研に入ったのは、1985年。当時の学研は、新事業に意欲的で、「技術本部」という部署を立ち上げ、エンジニアを募集していました。そこに誘われました。技術本部在籍時は、CCDカメラの開発、超音波センサーを使った駐車場監視システムの構築などを行いました。

　1995年、社内で教材開発に携わる技術者の公募がありました。科学や学習のいわゆる「ふろく」の開発です。教育に関わる仕事でしたし、ジャンルを問わないものづくりができそうなところも魅力的でした。工作少年の血が騒いだのです。応募したところ、採用されました。

　以来、20年近く、教材開発に携わりました。当初は「科学」と「学習」のふろくを中心に、その後「大人の科学」の教材開発を行いました。「真空管ラジオ」「真空管アンプ」といったオーディオもの、「スターリングエンジン」「真空エンジン」といったメカもの、「羽ばたき飛行機」「カエデドローン」といった飛びもの。キャリアを生かし、多くの製品を開発しました。

　2013年に学研を辞めたあとはものづくりのコンサルタントとして独立。今も、さまざまな会社の技術顧問としてものづくりに関わっています。

　ここ30年、「技術立国日本はどこにいったのだろう」とときどき思います。団塊の世代が積み上げてくれたものづくりのノウハウは、これといった成長なしに30年が過ぎようとしています。先輩やOBたちに申し訳ない気持ちでいっぱいです。

　今、ものづくりの裾野の広がりを期待できるのは、Maker Faireに集まるような人たちだと思います。彼らは、CADや3Dプリンターなどデジタル機器を使うことによって、企業並みのプロトタイプを作れるようになっています。

しかし、量産化・商品化となると資金面やノウハウのない方が多いようです。そこで一般に公開されにくいプロトタイプ以降の手順に焦点をあて、技術立国再構築の一助になればと期待しながら、拙い筆をとらせていただきました。
　現在、200万円の元手があれば、1,500円の商品を1,500個、海外で生産することは可能です。販売が順調なら、初期ロットで金型や原価を償却でき、セカンドロットから利益を出すこともできます。
　金型償却や原価計算、商品アイデアのヒントやマーケティングの考え方、企画書の書き方、海外工場の選定や見積依頼、金型の種類と原理や特長、電子回路の基礎、機構設計の基礎等々、海外生産に必要なノウハウを網羅させていただきました。初心者でも受け入れやすいようにやさしく解説しています。
　また、技術的セオリーや海外での失敗談についても、40年にわたる私のキャリアの中から、多くの体験・事例を折りこみました。
　加えて、本当にこの本に書いてあることを実践すれば量産が可能なことの証として、本書連動企画「ツインドリル ジェットモグラ号」の試作から生産、販売までの詳細な開発製作ストーリーを巻末に掲載しています。200万円の元手で2,000円（税抜予価）を実現し、本書発刊と同時発売を予定しています。
　ものづくりは多岐にわたった技術と経験が必要です。
　ブームに流されることなく、広い視野をもって研鑽を積み重ね、真の技術立国を支えるエンジニアを目指してください。この本が読者のみなさんのお役に立つことを心より願っております。

2019年7月

目 次

はじめに　3

序章　失敗しないスタートアップのために　10
この本の内容　11
商品化の手順について　12
おことわり　13

1章　アイデアを形にするまで　14
そろそろスマホをやめませんか？　14
過去の電子部品を使う　17
マーケットから見たアイデア　21
社会貢献と志（こころざし）　23
[COLUMN]　B to BとB to C　24

2章　プロトタイプを作る　26
プロトタイプの活用法　26
設計のセオリー　29
「試作屋さん」や「モック屋さん」の力を借りる　37

3章　企画立案　　　　　　　　　　　　　　　　　　　44

　　　どこで作るか？ －工場の選定－　　　　　　　　　44
　　　中国工場もいろいろ　　　　　　　　　　　　　　45
　　　OEM生産は外せない　　　　　　　　　　　　　46
　　　OEM会社への見積依頼　　　　　　　　　　　　49
　　　AQLについて考える　　　　　　　　　　　　　50
　　　企画書の書き方　　　　　　　　　　　　　　　　53
　　　企画会議の対応策　　　　　　　　　　　　　　　63

　　　[COLUMN] ブローカーには注意　　　　　　　48
　　　[COLUMN] 春節はめでたいだけじゃない　　　61

4章　発注　　　　　　　　　　　　　　　　　　　　66

　　　部品表、見積とブレイクダウン　　　　　　　　　66
　　　POの発行　　　　　　　　　　　　　　　　　　73
　　　必要書類について知る　　　　　　　　　　　　　76
　　　円相場と為替　　　　　　　　　　　　　　　　　79
　　　海外送金について　　　　　　　　　　　　　　　81

　　　[COLUMN] かつてはこんなこともありました　72

5章　量産化　－その1. 金型－　　　　　　　　　　84

　　　金型入門Ⅰ －初級編－　　　　　　　　　　　　84
　　　金型入門Ⅱ －工法－　　　　　　　　　　　　　87
　　　金型入門Ⅲ －樹脂成型－　　　　　　　　　　　94

　　　[COLUMN] 便利なものづくり業界の専門用語　102

6章	量産化　－その2. 電子部品－	104
	量産設計　－電子回路図、機構ポンチ絵の描き方－	104
	電子回路の基礎　－回路図では読めない抵抗や損失－	111
	プリント基板（PCB）の話	122
	[COLUMN]　レジスト版とシルク版	126

7章	出張の意義	128
	初めての中国出張	128
	生産ラインの実態	133
	T1直後、出張前に行っておくべきこと	141
	出張中の作業	142
	出張中、最低限解決しておくべきこと	145
	出張の締め	147
	中国ではごはんが大事	151
	出荷と輸出入	158
	[COLUMN]　ひと昔前の移動はひどかった	131
	[COLUMN]　お蔵入りの手直しライン（ここだけの話）	140
	[COLUMN]　大岡裁き「三方一両損」	150
	[COLUMN]　昼食時の心得	157

8章	安全への配慮と知的財産	162
	安全・安心から見た設計	162
	安全のための法規や規制について	166
	知的財産権とコピー品	169

9章　少量生産の極意　　　　　　　　　　　174

高付加価値のものづくり　　　　　　　　174
大量生産から少量生産へ　　　　　　　　177
商品を市場に出す　　　　　　　　　　　182
海外生産失敗談　　　　　　　　　　　　184

サイドストーリー
発進！「ツインドリル ジェットモグラ号」　　194

第1話　アイデアは風に乗って　　　　　194
第2話　見積依頼　　　　　　　　　　　198
第3話　トラブルは突然に　　　　　　　205
第4話　中国で最終チェック　　　　　　216

付録　関連文書見本　　　　　　　　　　226
あとがき　　　　　　　　　　　　　　　234

序章

失敗しないスタートアップのために

この本を手に取っている読者のみなさんは、
ものづくりやスタートアップに興味がある、
または実際に活動されているメイカーの方だと思います。
自分の作品にほれこみ、寝食を忘れひたすら作り続けて
珠玉の逸品をものにした方もいるでしょう。
次に考えることは、多くの方に自分の作品の良さを知ってもらいたい、
使ってもらいたい、ということではないでしょうか。

　あなたの作品を世の中に普及させるには、「メイカー」から「スタートアップ」になって、「作品」を「商品」へと変える「量産化」という道に進まなければなりません。

　1個、珠玉の逸品ができたのだから、それを100個、1,000個、10,000個と作るだけの単純な話だ、と思われるかもしれません。ところが実際は、1個ものを作るのとはまったく違う世界が広がっています。

　ひと昔前は、量産化は多くの資金と人員を要する製造中心の企業、「メーカー」しかできない仕事だと思われていました。コンピューターやITをはじめとする新しい技術の進歩が、趣味でものづくりを始めたメイカーが、少ない資本と労力でスタートアップと呼ばれる起業家を目指せる時代を可能にしたのです。メイカーからメーカーへの道のりは決して平坦ではありませんが、先人たちはそれを乗り越えてきました。時代は違えど、ホンダを作った本田宗一郎やソニーを作った井深大といった人たちは、かつて、まごうことなきメイカーだったのです。

　みなさんの目の前にも、その道が広がっているに違いありません。この本が勇気を持って一歩を踏み出すための力になれたら、と思っています。

すでに道を進んでいるスタートアップの方もおられるでしょう。
　中には手痛い失敗をしてその険しさを経験した方もおられるかもしれません。
「原価高で商品にできなかった」
「生産トラブルが続いて販売のタイミングを逃してしまった」
「海外工場のスタッフと意思疎通がはかれない」
「資金調達を可能にする良いプロトタイプを作れなかった」
等々、原因はさまざまあるでしょう。本書は、そんなみなさんにとっても、二度と失敗しない量産化へのガイドとなる本を目指しました。
　かつては私もメーカーで、社員としてものづくりを担当していました。車や家電のような集約型の商品ではなく、教材や玩具など、いわゆる「ガジェット」ものが中心です。その意味で、できた商品はメイカーのみなさんが作るものに近いかもしれません。
　私自身、今も現役のエンジニアです。あらためて自分の仕事を見つめ直し、みなさんとともに技術の向上を目指していけたら、と思っています。

● この本の内容

　この本では、読者のみなさんが独自に発想した作品を商品化し、出荷するまでの流れを、現場にそった視点で解説していきます。
　ここでいう「商品」とは、買っていただいたお客様に結果として満足していただき、その見返りとして少々の報酬をいただくことを可能とする「製品」という意味です。同時に、商品化に協力いただく工場やエンジニアの方にも、報酬と達成感を共有し、win-winの関係が築けるようなシステムを念頭に置いています。ビジネスとして継続できるスタートアップを目指すには何が必要か、という視点も含んでいます。
　コピー商品、商材のない企画、既成の購入品や輸入品、等々の解説は扱いません。
　本書でお伝えしたい主な内容は以下の通りです。

- 量産を意識したプロトタイプの作り方
- 原価意識の持ち方
- 顧客や販売をイメージする方法
- 適切なタイミングを見すえたスケジュール管理

- 関係するすべての方とのwin-winな関係の築き方
- 志を高く持ち、あきらめずに目標を達成する方法

● 商品化の手順について

　この本では、ご自分の作品を量産し、商品として出荷するまでの流れをなるべく具体的に紹介します。

　素材としては、プラスチック部品、メタル部品、電子部品、電子基板等が中心となります。

　主な手順は以下の通りです。

- 素材を加工し、組み合わせてプロトタイプを作ります。
  ↓
- 素材費用、加工費用、組み立て工賃、パッケージ製作費用等々を見積もります。
  ↓
- マーケットの大きさを想定します。
  ↓
- 製造原価とマーケットがわかったら、適正な値付けを行います。
  ↓
- スケジュール等を加味し、第三者に見せられる企画書を作成します。
  ↓

〈企画推進が決定したら〉
  ↓
- 海外の工場を選定し、金型を作ります。
  ↓
- 金型ができたら、試し打ち（トライアル）を行い、ブラッシュアップしていきます。
  ↓
- 部品を組み立て、量産します。
  ↓
- 工場から出荷し、船または飛行機で輸入し、日本の倉庫に納品します。

ざっと以上のような流れに沿う形で解説を進めていきます。

より具体的な手順を追うほうが読者にもわかりやすいと思うので、実際の商品化プロジェクトをサイドストーリーとして紹介していきます。

企画からプロトタイプ、量産から販売まで、実在の商品がどういうプロセスを経て世の中に登場するか、お楽しみください。

図0-1　バラ積み（「バルク出荷」ともいう）されて届いた製品

● **おことわり**

本書はものづくりやスタートアップに関連する情報を、なるべく具体的な数字（特に金額等）を挙げて記述しております。2019年7月時点の物価やレートをもとにしておりますことを、あらかじめご了承ください。

1章

アイデアを形にするまで

商品としてニーズを満たすような素晴らしいアイデアは
どうやって得たらよいでしょうか？
ある日突然降ってくることもあれば、
何日も考えぬいた挙げ句、結局何も思い浮かばない、
ということもままあります。
この章では、発想とその具体化についてお話しします。

そろそろスマホをやめませんか？

　昔の人はアイデアを書き留めるメモ帳を常に携帯し、寝るときでさえ筆記具を枕元に置きました。夢の中にアイデアが現れることがありうるからです。化学者のベンゼンが、ヘビがカエルを追いかける夢からベンゼン環を思いついたり、湯川秀樹博士が夢の中で中間子の存在を見たのは有名な話です。

　飲み屋で同僚と話しているときに突然アイデアを思いついて箸袋にラフスケッチを残す、という話もよく聞きます。私も、箸袋から生まれた企画が最終的に商品となった経験があります。

　これら突然降ってくるかのように思えるアイデアも、何もないところから生まれたわけではないと思います。下地となる情報が意識・無意識に関わらず、頭の中に蓄積されているからこそ、臨界点を超えて噴出するのです。インプットなくしてアウトプットはありません。

　読者のみなさんはある情報を得たいと思うとき、何を最初に行いますか？

　昔は情報といえば最初に思い浮かぶのは新聞でした。私も出版社にいま

したので、ワンフロアを占領する大きな資料室で必要な情報を探していました。キャビネットには、膨大な新聞の切り抜きがあり、日付ごと、話題ごとに整理されていました。

　新聞の次は雑誌や書籍です。週刊誌や月刊誌、新刊書に稀覯本、これらが分類され、ストックされていました。検索のための図書カードなども用意されていました。

　これら文字になった情報を、まず頭にインプットしたものです。

　人から聞く話も重要です。「これは」と思う人物に会って話を聞きます。正式にアポを取り話を聞く場合もあれば、居酒屋で情報を持っていそうな人と飲みながら、話を聞き出すこともあります。私の得意は後者です。

　いずれにせよ、膨大な手間と時間をかけて、じわじわと情報をインプットしていきました。蓄積され、融合した情報のマグマが溜まりに溜まってアイデアとして噴出します。「アイデアが降ってくる」という現象は、そういうことなのだと思います。

　昨今は、こんな手間暇をかける必要はないように思えます。ひと昔前からすれば夢のような道具があるからです。スマートフォンです。数回、画面をスワイプし、関連ワードを打ちこめば、最新情報に簡単にアクセスできます。

　情報獲得のため、取材に行き、居酒屋で飲み…といったことも不要です。Facebook、Twitter、その他SNSを使えば、知らない人からも情報を得ることが可能です。

　スマホさえあれば、情報のインプットは簡単。一見、そう思えます。でも私には危険な落とし穴のようにも思えます。

　私もスマホは使います。それでも「待てよ！　これって知っている気分になっているだけじゃないのか？」と、ふと立ち止まることも少なくありません。

　スマホでアクセスした情報を自分なりに考察してみます。最新情報に見えるけど、子引き、孫引きの使い古された情報なんじゃないか、明日には消えていく泡のような情報なんじゃないか…そんな疑念がわいてくることもあります。

　そもそも獲得した情報を加工もせずにアイデアとして使うなら、単なるコピーにすぎないし、なんら付加価値がありません。価値がなければ、他人はお金を払ってくれません。誰にでもアクセスできる情報から吟味もし

ないで生まれたアイデアをもとに商品を作る——それは、危険行為です。結果として、売れない商品、あるいは商機を逸した商品を生むことにつながります。また話題に乗り遅れないために焦って斜め読みした「調べネタ」は消化不良を起こします。

　昔のやり方が100％正しいとは決して思いませんが、じっくり時間をかけて丁寧に情報を獲得していく方法にも利があるように思います。頭の中でその情報が何度もフィードバックされ、その度にさまざまなゲートを通過し、磨かれていくからです。

　たとえ同じ情報だとしても違ったアプローチで接してみましょう。パソコンの画面を離れ、ときには鉛筆で紙に書いてみてもいいかもしれません。手や体を使ってアクセスした情報が、やがて知識や経験となり、本質を理解する手助けになるように私には思えます。

　かつてあった資料室が手の中に収まる装置の中にある。その利便性は享受すべきです。しかし、スマホは単なるアプローチ手段のひとつにすぎません。他人とは違う本当に価値のあるアイデアを得たいのなら、思い切ってスマホをやめて、自分の手と足で情報を探す、といったアプローチに一度挑戦してみてはどうでしょう？　スマホで検索できない商品を作りましょう。

図1-1　スマホは本当に手放せない道具なのか？

過去の電子部品を使う

　ガジェット的な商品の構成要素を考えるとき、樹脂成型品（プラスチック）、プリント基板、モーター等の組み合わせはひとつの基本になります。この組み合わせに、さまざまな方向から付加価値を付けて差別化を計っていきます。たとえば、おもしろいアクションをする、プログラミングができる、癒しになる、といった要素です。そんな中、過去の電子系部品を組み入れることで、新鮮な企画ができないかを考えてみたいと思います。

　真空管、GM管、コヒーラ管、ニキシー管、真空バリコン、マジックアイ等のガラス管。バリコン、リードセレクタ、バーニアダイアル、トロイダルトランス等のメカ要素の強い電子部品。マンガニン線、リッツ線といった高感度・高安定の線材。これらはどれも過去の電子部品で、それぞれ主役をはっていた時代がありました。残念ながら、現在ではその役目を終えています。

　しかし、あらためて考えると、それぞれ歴史やストーリーがあり、コレクションの対象でもあります。現在の技術と融合させることで思わぬガジェットの主役に返り咲くこともあります。

　そんな「忘れられた部品」の中で、今でも使えそうなおもしろいものを紹介しましょう。

● 真空管

　発明王トーマス・エジソンは白熱電球を発明したとき、不思議な現象に気づきました。高い真空状態の中にフィラメントと金属板を離しておき、電圧をかけるとその間に電気が流れたのです。「エジソン効果」と呼ばれる現象です。

　こうして電子を発射できたことで、白熱電球とは異なる高機能部品ができました。真空管です [図1-2]。

　無線機やラジオ、オーディオのアンプ、ブラウン管（電子線で画面を映す昔のテレビ部品）など、一時代を支えた重要な電子部品です。現在では、一部のオーディオマニアが求める高級アンプ用にわずかながら残っている程度です。

　私は過去に真空管を使ったガジェットを商品化したことがあります。

　新商品企画の過程で、真空管からトランジスターに代わる時代（1960年

代)に生産された「通信機用真空管」の存在に思い至りました。
「日本ではめったに見られないが、もしかしたら中国あたりに眠ってはいないだろうか」

そう考え、当時勤務していた会社の現地子会社に真空管関連倉庫の調査を依頼しました。ある日のこと「北京のある倉庫で大量に見つかりました！」と連絡が入りました。さっそく買い付けを依頼し、結果として約10万本の真空管(通信機用電池管)を入手しました。

手に入れた真空管は、軍の携帯トランシーバー用として作られた最後のもので、品質が高く(不良率が低い)、消費電流が少ないのが特長でした。電池管ですので、ハムノイズ(100V電源ノイズ)がなく、特にオーディオアンプ用としては貴重な部品です。

3球真空管ラジオ、4球真空管ステレオアンプ、1球真空管ラジオを「大人の科学」の付録として立て続けに企画・商品化しました。またたく間に完売し、現在はプレミアが付いているそうです[図1-3]。

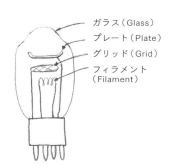

図1-2 真空管

図1-3 学研「大人の科学」の真空管に関する製品。左から「真空管アンプ」「バリオメーター式真空管ラジオ」「真空管ラジオVer.2」(写真協力：株式会社学研ホールディングス) ※現在は販売していません

● コヒーラ管

　1912年、大西洋横断中のタイタニック号が氷山に接触して沈没。この時代に使われた通信手段が、マルコーニの発明したコヒーラ検波管[*1]の無線システムです[図1-4]。

　現在では入手困難ですが、ガラス職人の方と組めれば再生産の可能性はあると思います。

　実は、オリジナルのコヒーラ管を生産して、コヒーラ送受信機の企画を今も考えています。雷検知器としても使えそうですが、まったく違う用途を検討したいと思っています。

 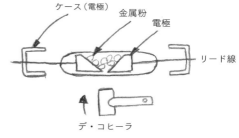

図1-4 コヒーラ検波管

● ニキシー管

　ニキシー管[図1-5]は1950年頃に開発された電子部品です。初期のデジタル電圧計や回路計、周波数カウンター、自動券売機、その他の多くの装置の数字表示器として使用されました。明るく読みやすい数字を懐かしく感じる方もいらっしゃると思います。

　思った以上に電気を食う、振動に弱い等の弱点がありましたので、蛍光表示管や液晶が出てきた頃に突然主役の座を奪われました。

　突然の引退ですので、最後期に生産された良質(耐久性が高い)のニキシー管の在庫が見つかる可能性があります。Arduino(アルドゥイーノ)やRaspberry Pi(ラズベリーパイ)と組み合わせて新しいガジェットに仕立てることも可能でしょう。すでに作品作りに挑戦されている方もいるかもしれません。

---

*1　コヒーラ検波管：電波を受信するとコヒーラ管内の金属粉の酸化被膜が破れて両極が導通する。その導通を使って「デ・コヒーラ」(ハンマー)がコヒーラ管をたたく。たたく回数や周期によって通信情報が伝わる。

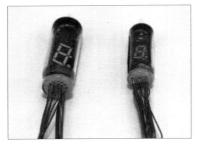
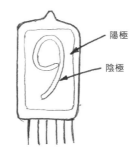

図1-5　ニキシー管

● バリコン、リードセレクタ、バーニアダイアル、トロイダルトランス等

　これらは電子部品の脇役ですが、どれも高級品として生き残っています [図1-6]。新たに生産するのは難しいと思いますが、在庫品が入手できれば、企画につながる可能性があります。

　たとえばリードセレクタは、鉄のリード片の固有振動で弁別するフィルターで、いわばQ[*2]の高いオーディオフィルターです。初期のラジコンやタクシーの呼び出し等で使われていました。メカリード[*3]の弁別能力は非常に高く、一般のCRフィルター[*4]等では及びもつきません。

　これらの特長を生かすおもしろいアイデアが見つかると思います。

図1-6　左からバリコン、リードセレクタ、トロイダルトランス

---

*2　Q：Qualityの「Q」で、ここでは、共振回路の品質を指す。「Q」が高いということは「共振が鋭い」という意味。

*3　メカリード：リード片の長さや重さを変えて、さまざまな固有振動数を作る装置。周波数の弁別を正確に行う。

*4　CRフィルター：「C」はコンデンサー（Condenser）、「R」は抵抗（Resistor）。CRフィルターに電波を通すと、特定の帯域に周波数をカットしてくれる。CRの固有振動数は「C×R」の逆数に比例する。

以上、過去の電子部品の例をお話ししましたが、他にもストーリー性のある部品、素材はあると思います。また、思わぬところに在庫している可能性もあり、タダ同然で入手できるやもしれません。ぜひ発掘して、新しい商品企画に仕上げてください。

マーケットから見たアイデア

　アイデアなんてそんなに簡単に出てくるものではありませんよね。
　試作ならまだしも、商品化となると、購買層、価値観、生産、流通、販売等々、さまざまな課題やハードルが複雑にからみ合うので「こうやれば大丈夫です」なんて簡単には言えません。
　前の項では、過去の部品をキーワードに考えてみましたが、ここでは、お客様の立場に立った潜在ニーズの掘り起こしを考えてみたいと思います。
　世の中にないもの、まったく新しいものを生み出すのは難しいですね。まずは、ものまねから始めて、デザインや性能の悪い点を見極め、より良い商品に改良するところから始めるのがよいと思います。
　商品ができ、コスト、品質、納期（スケジュール）の３点がクリアできれば、ある程度の売り上げは見こめると思います。
　しかし、誰も作ったことがない商品となると、上記３点の他に、志や、こだわりを持つ必要があります。世の中のためになる、訴えるものがある――等、こういった感動を呼ぶような商品を目指しましょう。
　ポイントは、少なくとも何かひとつの要素を、従来にない仕組みや形で発想することだと思います。そのような特殊性があれば、デザインやコストは後回しにしてもよいかもしれません。何しろ、新しいマーケットに挑戦するわけですから。
　たとえば真空掃除機。従来は、負圧で吸いこんだ埃や塵を、紙や布のフィルターを通して弁別していました。
　しかし、ダイソンの掃除機はそのフィルターをサイクロン方式で実現しています。そのため、布フィルターの洗濯や乾燥、紙フィルターの購入・交換が不要になりました。
　実は、サイクロンは古典的な技術で、製材所等ではおがくずの分離等に使われていました。

ダイソンがすごいのは、サイクロン効果は径が小さいほど大きくなることに目を付け、小型のサイクロンを多数使った構造にして、大きな弁別効果を生んだことです。空力(くうりき)センスのある、素晴らしいアイデアだと思います。
　このように、構成要素のいくつかを他の原理に置き換えることで、新たな特長を持った製品に生まれ変わることがあります。
　ダイソンのサイクロン方式は弁別性能が良いので、空気清浄器の世界（マーケット）にも食いこんでいます。
　昨今のドローンやセグウェイのような、センサーと自動制御系の助けを借りる手法もひとつのヒントになります。
　昔の少年漫画やSFの世界では、「ドローン」のような「空飛ぶ自動車」はいくらでもありました。実際、何度も試作されましたが、なかなかまともに飛びませんでした。現代の制御系テクノロジーを移植すれば、当時の試作モデルも簡単に飛び上がったり、見事なバランス飛行を見せてくれることでしょう。
　サイドストーリーの「ツインドリル　ジェットモグラ号」は、お互い逆にねじった2つの螺旋(らせん)をそれぞれ逆に回して前進や後進する、前例の少ないビークルです。従来とは違った走行メカニズムになるので、セオリーが確立していない分、商品化までにいろいろ苦戦しました。しかし、その分やりがいのある企画ともいえ、特異な構造や原理は、お客様に訴えるものがあります。
　また、商品化した後の、お客様による改造やおもしろい使い方・発見も楽しみです。ニーズを掘り起こしながら商品化するアイテムですね。結果として付加価値が上がる可能性もあります。
　小型の医療用具（ヘッドライト、ルーペ、カメラ周辺機器）等も、ものづくり側から見ればガジェット同様の構成要素になっています。厚生労働省等への医療用具としての許認可申請が必要になりますので、やや面倒な感じがしますが、押さえどころがわかってしまえば恐れることはありません。むしろ、その高付加価値な世界（マーケット）に度肝を抜かれます。
　同じような作り方でも、お客様や使い方の違いで商品性が異なる例です。
　学習教材を考えてみます。教育指導要領の改訂によって、プログラミングツールや周辺の技術が進化することが考えられます。
　プログラミングといえば、従来は専門職の仕事でしたが、小学生やアマ

チュアの素晴らしい発想がもとで、想像もできなかったようなおもしろいガジェットができる可能性も十分考えられます。

　自動車やキャタピラカーは、プログラミング教室向け教材として多数発売されていますが、特異なアクションを特長とするハードウェアとマイクロコントコーラーの組み合わせを教材として提供することもできそうですね。お客様のプログラミングによって、思いがけないアクションを楽しむことが実現されそうです。発表や競争の場を準備すれば、思わぬ盛り上がりや、一種のブームを作ることも夢ではないでしょう。

　マーケットの大きさは固定していると考えがちですが、実は大きくなったり小さくなったりしています。それは、顧客ニーズのようなものの変化と同期しています。そして、新しいテクノロジーを背景に新たなマーケットも生まれています。その変化の狭間から良いアイデアは生まれてくるのではないでしょうか。

社会貢献と志（こころざし）

　ここまでは、アイデア出しのヒントとして、まったく新しいもの、最近のテクノロジーの延長上にあるもの、過去の技術を掘り起こしたもの、等をもとに考えました。最後に、開発者魂、つまり志について考えてみましょう。

　いろいろな方向から企画をまとめるのは、ある意味当然の思考方法ですが、儲け話ばかりでなく、頑固な志も大切です。

　世のため人のため、子どもやお年寄り、身体等にハンディキャップを持つ方々に役立つもの、等々を念頭に置いたアイデア出しも意義があります。

　一般に、起業して規模が大きくなると、儲け主義一辺倒から、社会貢献を考えるようになります。

　自分（自分たち）は社会に対し何を訴え、何を残すのか——志の延長上にある、社会に優しい商品アイデアを生み出したいですね。起業直後からこのような自問自答を進め、頑固で正直な企画・設計をお願いしたいです。

COLUMN

B to BとB to C

　B to B（企業間取引）、B to C（消費者向け取引）について考えてみましょう。

　まず、読者の皆さんは「B」ですね。たぶん、流通のイメージはB to Cだと思います。これは個人向け商品を市場に出すことを意味しています。

　念のため、B to Bも意識しておきましょう。

　「もの」前提のお話ですから、B to Bでは、機器組み込みのユニット商品、あるいはシステム商品のような企画が多いと思います。

　B to C狙いに比べて、ニーズが明確で、事実上の受託になるので、リスクが少ない等の安心感があります。また、必要数生産で在庫過多の心配もなく、販売価格もやや高めに設定できそうです。

　先方（納品先）が中小企業であれば、トップダウンで意思決定が早い傾向があります。

　うまく取り入れれば、手離れよく生産できる可能性があると思います。B to Cを進める前に、企業向け商品企画を受託して腕試ししてみる方法もお勧めします。

2章
プロトタイプを作る

「プロトタイプ」と聞くと、動作確認やイメージ確認など、
実験的な試作品といった印象が強いかもしれません。
確かにそれらも重要なプロトタイプの役割です。
しかし、それだけではありません。
後に続く多様なシーンで大切な役割を担います。

プロトタイプの活用法

　現在では、Fab施設などで3Dプリンターや高価な工作機械等が個人でも気軽に使えるようになり、以前に比べてプロトタイプ制作は身近になりました。

　量産化を見すえて作るプロトタイプは重要な場面で使われます。その活用法を紹介しましょう。

● 量産のための見積を取るのに使う

　後に説明しますが、商品企画の立案には、必ず見積が必要です。製造原価がすべてのお金の基礎になるからです。見積の際は、生産数、スケジュール、スペック、クオリティを十分考慮する必要があります。

　発注側にメリットのある価格とスケジュールを確保し、かつ品質が担保できるような見積を出してもらうために、依頼時に大事なことは何でしょうか？

　それは量産時と同じ機能を保つ、あるいは限りなくそれに近いプロトタイプを作ることです。「量産見本」あるいは「ワーキングサンプル(＝動作見

本)」と呼ばれるものがそれです。注意したいのは、プロトタイプの一歩手前の、形だけの「モックアップ」あるいはデザイン性を考慮しない「手作り機能見本」で見積を取ることです。不確定な要素が多いため、提示される見積はたいてい高くなってしまいます。逆に機能が曖昧なままともかく価格優先で交渉すると、最終品のクオリティが低くなります。プロトタイプの完成度はできるだけ上げたいところです。

● マーケットを調べるために使う

　商品企画というからには、マーケット調査は重要な要素です。企画の初期段階から念頭に置く必要があります。どんな層の人が何人ぐらい、いくらで買うかを調べ、「想定購買者」(年齢、性別、地域、職業等)が妥当かどうかを確認します。

　ひとつのパターンが、想定購買者を何らかの方法で集め、お茶を飲み、お菓子をつまみながら自由に商品について話してもらうモニター会を開くことです。このとき実際にプロトタイプを目の前で見せ、触ってもらいながら意見を聞いていきます。手間はかかりますが、有効な方法のひとつです。

　私も何回となくモニター会を開きました。その際は、意見が出やすい雰囲気作りに努め、バイアスがかからないよう注意しました。とかく企画担当者の説明は熱が入りがちです。正確に説明することは大切ですが、反対意見が出にくい雰囲気になることがあります。厳に戒めたいところです。謝礼代わりの粗品なども必要になります。経験上、あまり豪華すぎる品を告知すると、お世辞が多くなり、率直な意見が出にくくなります。避けたほうが賢明です。

　モニター会では少人数の意見しか聞けないので、並行してネットを使った不特定多数の人を相手にアンケート調査を行う方法もあろうかと思います。量的な側面が補えるのでこれも有効な方法です。

　ただ、私はプロトタイプを目の前にしたface to faceのモニター会のほうを重要視しています。賛成意見を話している方でも、多少なりとも不満な点があれば顔に出るからです。そういったゆらぎや違和感のようなものを皮膚感覚で捉えることができるのが利点だと思います。

　モニター会の結果は想定購買者の再設定、デザインや色などの変更といった判断の目安になります。量産前に行えば、大幅な見直しを迫られても大きなリスクは回避できます。これが金型発注後だと、価格や機能に跳

ね返り、リスクを負うことになります。

　ここでもプロトタイプにはデザインや機能など、その製品の本質が正確に表れていなければ意味がありません。モニター会で的確な意見や感想を入手するためにも、最終商品に近いプロトタイプを用意しましょう。

● **プロモーションにも使う**

　会社であれば企画が通って販売が決定される。個人であれば販売の決断をする。その直後から商品の写真やビデオが必要になります。パッケージやマニュアルの製作のためだけでなく、チラシやカタログ等の宣材を作り、SNSやネットにアップするといったプロモーション活動にも使います。クラウドファンディングで出資を募る場合にも使います。このときも、質の良いプロトタイプがあれば、商品に説得力が生まれ、ビジュアル面でも魅力が増します。

　買ってくれそうな人が1,000人いたとして、そのうち10人に買ってもらえれば大ヒットです。言い換えれば、買ってくれそうな人1,000人に商品を知ってもらう必要があり、その1,000人を見つけるには、数万人に告知することが必要です。第一印象で気に留めてもらうためにも、質の良いプロトタイプを作ることが鍵となります。

　量産前にプロモーションを行うために、コストをかけて立派なプロトタイプを作ることには、ためらいもあるかもしれません。結果的に商品にならなかったときのリスクがあるからです。しかし、この時期のプロモーションは非常に重要です。販売ルートにもよりますが、発売の3〜4ヶ月前には初期ロットの仕入れ数が決まってしまうからです。この時期のセールスが発売後の売り上げを左右するともいえます。質の良いプロトタイプは、十分コストに見合うパフォーマンスを生むのです。

　製作側からすると、「プロトタイプ」という言葉は確認用というイメージしかなく、ビジュアルも機能も7、8割の内容にとどまりがちです。しかし、これまで紹介したようにプロトタイプは多彩な役割を持っています。企画の成否はプロトタイプ次第といっても過言ではないことが、ご理解いただけましたでしょうか？

　企業の中にいると、たいてい量産時から周囲でコストダウンの大合唱が始まります。その声を鵜呑みにして、不本意にスペックダウンすれば売れない商品になってしまう可能性もあります。だからこそ、読者のみなさん

には、プロトタイプではまず最低でも通常スペック、できれば最高級品を目指してほしいと思います。その後、現実との折り合いでカットしたり、妥協したりしなければならない場面も出てくるでしょう。でも、それは後から受け止めればいい問題だと思います。

設計のセオリー

　プロトタイプの製作にあたって、まず初めに取り組むのは設計です。

　ものづくりにはセオリーのようなものがあって、それに従っておけば、まずまずの設計ができます。しかし慣れていないと、不測の事態が発生します。

　「試作時はうまく動いたのに、量産したらまったく動かず不良品の山。ラインが止まってしまい、工場は大混乱」といった事態になることも。先人が失敗から学んだセオリーを知らずに二の轍を踏むと、修復不能で全部やり直しなどということもありえます。

　トイや模型、教材、文具開発の大先輩たちの経験・知恵から生まれた設計のセオリーについていくつかご紹介します。

● キートップやレバー

　キートップやレバー、スイッチといったものは、人の手や指で操作されます。これらには、高い耐久力が要求されます。特にゲーム機器で遊ぶときは、思いがけない力が出てしまうものです。下手な設計だとキートップやレバーだけでなく、内蔵されたスイッチ、ボリューム等の電子部品も壊

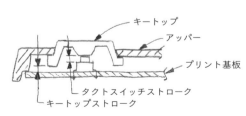

図2-1　キートップの例。タクトスイッチのストロークの方がキートップのそれより長い（タクトスイッチストローク≧キートップストローク）

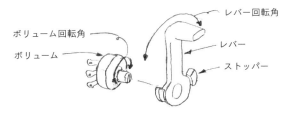

図2-2 レバー式のボリュームの例。内蔵ボリュームの回転角のほうが、レバーの回転角より広い（レバーの回転角≦内蔵ボリュームの回転角）

してしまいます。

　対策としては、キートップやレバーでストロークを制限する構造にして、タクトスイッチ（プリント基板上にあり、人の操作を受けて電気回路に信号を入力するスイッチ）やボリューム等、電子部品の可動域より、少し狭く動くようにします。

● 無理な力がかかるガジェット

　激しくハンドルを回す装置、たとえば手回し発電機などでは、ムキになって回す人が少なくありません。十分な強度を保つ設計が必要で、華奢な設計をすると失敗作となります。過去に多くの例があります。

　経験的に、初段歯車のモジュールは1.5以上、歯幅は10mm以上が必要です。発電モーターはカーボンブラシ[*1]式が必須です。薄っぺらなブラシはあっという間にすり減ってしまいます。

　また、ハンドル、クランクは、無理な力がかかった場合、外れる構造にして破壊を回避します。踏みつけても壊れないくらいに作ってちょうどよい感じです。

図2-3 学校教材用手回し発電機

似たようなガジェットを作る際には参考になると思います。

● **水モノのガジェット**

水中で使うことを前提にしたガジェットでは、防水が常に問題となります。

モーター仕掛けのトイの潜水艇がその昔流行りましたが、多くの失敗例がありました。

お風呂で遊んだ後、温まった潜水艇内の空気が膨張し、シール部からエア漏れします。冷えると今度は負圧[*2]になるので、周辺の水分を気持ちよいぐらいよく吸いこみます。水が通る部分はモーター軸、電池ボックスのシール部などです。当然、主要パーツが濡れ、通電不良となります。

水モノにはこういった困難が伴います。本格的な防水設計ができない限り、手を出さないことをお勧めします。甘い設計だと、1週間と持たず壊れることになります。

どうしてもやりたい場合は、電池交換をあきらめて完全密閉にします。内圧が上がっても下がっても漏れない超音波溶着等で密閉します。また、検査工程で全数圧力試験を行います。

下の写真は、電磁誘導で電気を送り、コイルと磁石で尾びれを動かすガジェットですが、完全密閉、全数圧力試験を行いました。

図2-4 水に浮かせて使う、コイルと磁石で尾びれを動かすガジェット。「大人の科学マガジンPLUS+ 電磁実験スピーカー」の教材の一部 （写真協力：株式会社学研ホールディングス）

[*1] カーボンブラシ：カーボンなどの素材によって高い耐久性が得られるモーター用のブラシ。発電モーターの場合、大きな電流電圧となるので、より耐久性の高いカーボンブラシ仕様のモーターが必須。

[*2] 負圧　通常の大気圧より低い状態を指す。高い場合を「正圧」と言う。たとえば、お風呂で遊ぶトイの潜水艇内は温かいので正圧、冷めると負圧になる。負圧状態で隙間があると水を吸いこむ。

● 電気関連の配線

　本体から引き出した電気配線は切れるものと思ってください。[図2-5]の一番左のような出し方では、簡単に切れるので、作ってもほぼ全数回収になります。

　引き出し口の形状を工夫してR*3を付ける、ラバーのパイプを追加するなどして耐久性を上げましょう。10万回くらいの耐久性アップが実現できます。

　プリント基板のランドにハンダ付け*4するときにも注意が必要です。点付けではサブ工程からの移動中に不良品が出ます。

　グルー補強も工程管理が甘いと不良品の山になります。注意したいところです。

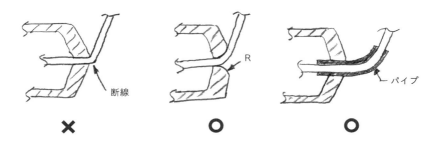

図2-5　電線の引き出し口は「R」をつけたり、ラバーパイプをつけて断線を防ぐ

図2-6　プリント基板のランド側からのハンダは「穴通し」が確実。点付けはグルー補強が必要。「工程管理を確実に行う」という課題がある

---

*3　R：曲線が曲がっているとき、その局所的な曲がり具合は円に近似している。その円の半径をR（半径＝Radiusの「R」）と表す。曲率半径ともいう。曲がる角度がきつい場合「Rが小さい」と表現する。

*4　ランドにハンダ付け：ランドは島（Land）の意。プリント基板上のアートワークで、リード線等をのせる部位を指す。この部位にハンダ付けすることを「ランドにハンダ付け」と呼ぶ。

● 屋外で使うガジェット

　屋外に設置して使う風力発電機や百葉箱などは、Wi-Fi、Bluetooth等と組み合わせるとおもしろいガジェットができそうです。ただ、屋外には思わぬ大敵がいます。

　UV（紫外線）です。対策として材質を慎重に選ぶことが重要です。

　プラスチック素材は、対候性の高いテフロン、アクリル、ポリカーボネイト、塩ビから選びましょう。ゴム類は、フッ素、シリコン系がUVに強いです。

　材料選びを間違えると、販売後にクレームが来ることになるでしょう。

　どれくらいUVによる劣化が激しいか、ぜひ一度体験してみてください。100円ショップで適当なプラスチック製品と輪ゴムを買って、日の当たるベランダ等に放置します。早ければ１週間で劣化が見て取れます。ものによっては半年でザラザラ、スカスカに劣化します。

● 歯車と軸

　回転モノは、軸と軸受で構成され、滑らかに回転して、しっかり回転力を伝えることが大事です。

　初段は『モーター軸にピニオンギヤ*5の圧入』が定番ですね。材質はPOM*6にしましょう。ABS*7も使えますが、耐久性に難があります。

　8歯以下のピニオンギヤは、シャフト穴周辺の肉が薄すぎて経年変化のため数年でピニオン割れの症状が出ます。歯数を10以上にするか、ツバ立て*8で対策しましょう。

　2段目以降の軸にはメタルシャフトを使いましょう。コストダウンのためにプラスチックの軸を使いたくなりますが、プラスチック同士が噛んで回転ムラが出たり、最悪ロックすることもあります。この失敗を金型修正で修復するのは非常に困難です。金型の作り直しになってしまいます。

　グリス付けする場合は、必ず国産のプラスチック用グリスを使いましょ

---

*5　ピニオンギヤ：減速装置で動力（モーター等）につけるギヤ。減速比を大きく取るために一般には歯数は少な目に設定される。
*6　POM：ポリアセタール樹脂のこと。機械的強度、耐久性に優れているので、歯車等に使われる。
*7　ABS：ポリスチレンにアクリロニトリル、ブタジエンという物質を化学的に結合することで作られた素材。
*8　ツバ立て：歯数の少ない歯車(10以下)はシャフト径と歯底径が近いため、歯車の縦割れ事故が発生しやすい。そのため「ツバ」で補強する。

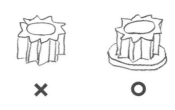

図2-7 10歯以下のピニオンギヤには「ツバ」を付ける
※歯車は原理的にウエルド（43ページ参照）が発生するので、たて割れしやすい

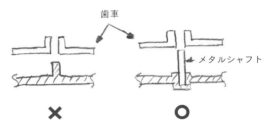

図2-8 歯車を差す軸にはメタルシャフトを使う

う。正体不明のグリスは、倉庫に在庫される程度の時間で、プラスチックがバラバラになることもあります。十分注意してください。

● 電圧・電流

単3乾電池を使うガジェットの場合、電流値は最大でも300mA止まりに抑えましょう。これを超えると、発熱、電池寿命、線材選び、スイッチ等々、さまざまな点で見直しが必要になります。

動きの激しいガジェットでどうしても大きな電流がほしい場合は、大電流の商品を扱ったことのある人（ミニ四駆やラジコンの製作者、これらのメカに詳しいマニア）にアドバイスしてもらうのも手です。彼らは、接点金具、スイッチ、FETスイッチ、しなやかな大電流電線の使い方に長けています。

● アース回り

電気の世界で、普段はおとなしい振る舞いなのに、隙を見せたら逆襲してくるのがアース回りです。古典的な課題ですが、定番の対策法がないの

が困りものです。

　試作でうまくいけば回路は正しいということになります。それでも量産で不具合が出たら、アース回りを疑いましょう。

　不具合の症状は、「試作に比べて光が弱い」「モーター回転が弱い」「予定の温度が出ない」「発振する」「部分的に回路が動作しない」といったところでしょうか。オーディオ系だと「音質が悪い」「音が小さい」「ひずみが多い」といった症状もアースの不具合が考えられます。

　対策として、電源アースの根元に平編銅線[*9]の一端をハンダ付けして、他の端を持って電流の多そうなアース点を探りましょう。動作状態に変化が見られたら、その近辺に原因があります。「電源コンデンサーが小さすぎる」「リード線材が細すぎる」といったこともアース不具合の要因になります。

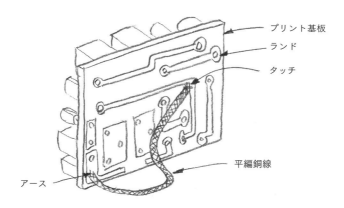

図2-9　電源の根元のアース（GND）に平編銅線をハンダ付け。もう片方の端をプリント基板のグランドランドに接触。状態変化を探る

●試作が壊れたら「2倍の法則」

　試作段階で折れたり曲がったりした場合、迷わず壊れた部位の断面積を2倍に設計変更してください。

　接着剤で修理して、そのまま放置してはいけません。量産時も決まって同じ部位から不具合が出ます。なぜなら、同じ部位には同じ力が加わるからです。金型修正は多くの時間と費用がかかります。試作段階で修正しておきましょう。

---

*9　　平編銅線：大きな電流が流せる割に柔軟性があるので、グランド対策などでよく使われる線材。

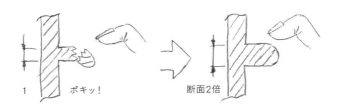

図2-10 試作で壊れた箇所は「2倍の法則」で設計変更する

● 圧縮で壊れる形状

薄板や棒状の工作物を圧縮すると「座屈」という壊れ方をします。

テーブルの上で、郵便ハガキを垂直に支えて、上から軽く押し下げてみてください。わずかな力で湾曲が始まり、最後は折れてしまいます。この現象を座屈といいます。

では、同じ郵便ハガキをトイレットペーパーの芯のように丸めてセロハンテープで止めてください。このパイプをテーブルに立て、上から押し下げてください。今度は相当大きな圧縮力でも壊れません[図2-11]。同じ材料、同じ重量でも形状の違いだけで、圧縮に対する強さが大幅に上がります。

圧縮に強い形状には簡単なルールがあります。「長さ 幅：厚さ」の比は、「15：1：1」より太くしてください。「1：1」は正方形の断面を意味しますが、丸い断面でもパイプ断面でも同じ寸法でOKです。

図2-11 同じハガキでも形状で強さが変わる（剛性）

おもしろいのは、この比率（15：1：1）は、家屋の4寸角・6尺の柱に相当します。2階や屋根瓦の重みを圧縮で支えてきた日本家屋の柱寸法は、長年の蓄積から得られた合理的な比率だったようです[図2-12]。

郵便ハガキの実験のように「薄板」の圧縮の場合は、「15：2：0.5」を

限度としてください。「薄板」といっても、意外と厚いですよ！

　以上、先人が過去の失敗から学んだ有名な事例をまとめました。今後の開発設計に役立ててください。

　試作段階は良好でも、量産したら動かないことはよくあります。私も多々経験していますが、後からよくよく考えると、小さな現象を見逃していたことが思い出されます。そこを先取りするためにも、「不具合は必ずある」という姿勢で試作品を注意深く観察してください。

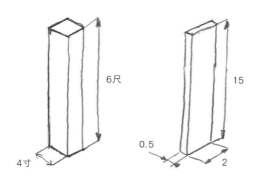

図2-12　日本家屋の柱の寸法は、圧縮に強い形状「長さ：幅：厚さ」の比になっている

「試作屋さん」や「モック屋さん」の力を借りる

　プロトタイプを作る段階に入りましたが、手作りのままでいくには不安がある場合も多いと思います。メカニズムが不安定。電池ボックスの接点が怪しいようで、電気系も動いたり、動かなかったり。第三者の目に触れるものとしては見栄えも大切なのに、表面が凸凹で、塗装ムラもある──今後正確な見積を取るためにも、もっと完成度の高いものが必要です。

　アイデアを出した人が手先が器用とは限りません。機能見本は作れても、プロトタイプとなるとまた話は別です。この段階に来たら、手作りはあきらめ、その道のプロに頼んだほうが結果的に早道です。いわゆる「試作屋さん」「モック屋さん」と呼ばれる人たちの出番です。

　自分の作品を量産するにあたり、第三者に作り直してもらうのにためらいを覚える方もいるかもしれません。しかし、一歩引いた目で見てもらい、あらためて作りこんでもらうことの意義は非常に大きいと思います。客観

性が加わり、正確性が増します。

　機能を満たし、見栄えもしっかりしたプロトタイプで見積が取れれば、より正確なコストが見え、資金計画に反映できます。出資者がいれば、彼らに見てもらい、決断を促す際にも役立ちます。

　優れた試作屋さん、モック屋さんなら金型を念頭に置き、量産を見すえたものを作ってくれます。

　彼らに頼みたいことは、たいてい以下のどちらかです。

- メカの確認：正確に機能するプロトタイプを作る。
- 仕上がりの確認：商品と見まがう見栄えの良いプロトタイプを作る。

　どちらも重要ですが、アクション（動き）を売りにするギミックの場合、メカが得意な試作屋さんに。プレゼンやマーケット調査など、人に見せることを中心に使うのであればモック屋さんに頼むのがよいです。商品の特性にもよるので、考えて人を選びましょう。

　試作屋さん、モック屋さんはどこにいるのでしょうか？

　ネットだと「試作、モックアップ、模型、プロトタイプ、工業デザイン、インダストリアルデザイナー」といったキーワードで検索できるでしょう。

　大手トイメーカー、文具メーカーや町工場が立ち並ぶ周辺にもいます。東京でいうと、台東区（浅草）や葛飾区（立石）、大田区などが中心地です。

　トイ、ファンシー文具等のギミックを経験している人に頼みましょう。ホームページに、たいていは過去の作品が載っています。自分の企画と似たような作品があればベストです。確認したい部分だけの試作もOK。

　試作屋さんは、中身の機構からしっかり押さえて、さまざまな動きを実現してくれます。注文があれば、外観もやってもらえますが、基本的に工業デザイナー、インダストリアルデザイナーなので、装飾美より機能美を好む傾向にあります。また、3個以上同じものを作るのはあまり歓迎されません。一品もの一筋の職人気質がある方が多いです。

　一方、モック屋さんは外観にこだわります。複数個製造の要求にも応えてくれます。高精度の複製技術も持っています。

　「注型」といわれる技術で、ひとつのモックアップを元型にしてシリコン等で雌型を作ります。できあがった雌型にウレタンやエポキシ樹脂を流しこんで、固まったところで取り出し、複製します。シリコン雌型ひとつで

10個くらいの複製は可能です。この注型品の単価はマスターモックアップと比べて10分の1以下のコストでできます。イベント等で数が欲しいときに大変助かります。また、モック屋さんは、UV硬化プリンターを早くから取り入れていました。スケール変更（たとえば「10％大きくしたい」等）にも高精度で対応してくれます。もちろん、仕上げ塗装や彩色は得意中の得意です。

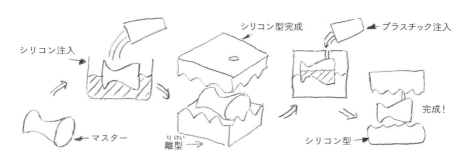

図2-13 注型。マスターからシリコン型を作り、空洞にプラスチックを注入。型を開いて取り出せば、コピーが完成する

ただ、中身（アクションを実現する機構）はあまり得意でないことが多く、場合によってはモック屋さんに作ってもらったものを試作屋さんに回すこともあります。コストと納期がかかりますが、良いものができます。

試作屋さんの一室にところせましと並んでいるのは以下のようなものです。

- 設備工具：彫刻機、NCフライス、旋盤、帯鋸、ヒートプレス、ボール盤、万力、一般工具、塗装ブース、糸鋸
- 溶接・結合：ハンダ、ロウ、スポット、ガス溶接、リベット
- 接着剤：ジクロロメタン、エポキシ
- 加工素材：ABS、アクリル、真鍮、ブリキ、ニッケル、ステンレス
- 在庫部品：ねじ、歯車、Oリング

図2-14　試作屋さんの工房。工作用の機械が設置されている（写真協力：工房「匠」）

図2-15　彫刻機。いろいろな倍率でものが作れる（写真協力：コムテック）

　試作屋さんもモック屋さんも、糸鋸の腕には素晴らしいものがあります。
　糸鋸作業はV字に切り込んだテーブルを使って行われます。刃は金属用の中から選びます。ワーク（被加工物）をV字テーブルの間に置いて糸鋸を下向きにサクサクとリズミカルに上げ下げします。見ていると、力を入れている様子はなく、糸鋸が勝手に進んでいくように感じます。引っ掛かることなど、まずありません。握りは親指と人差し指で軽くつまんでいるだけです。この調子でアルミ、鉄板、真鍮、プラスチック、何でもござれで、おもしろいように加工が進みます。
　最初は、濡れ新聞で修行するそうです。V字テーブルの上に濡れ新聞を数枚重ね、V字の間で糸鋸をサクサク上げ下げします。新聞がきれいに切れるようになったら、プラバンから始めます。ケガキ線（加工位置を示すためにケガキ針で描いた線）にそって、サクサクと切り進めます。

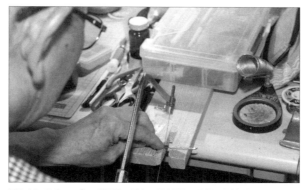

図2-16 V字テーブルの溝部分に被加工物を置き、糸鋸で部材を切る

　みなさんも、「濡れ新聞切り」に挑戦してみてはいかがでしょう。試作屋さんにいろいろ注文するときに「糸鋸で濡れ新聞を切りました！」なんて言うと、親近感を持ってもらえるかもしれません。職人さんとの会話は気持ちの伝達が大事。商品に対する志をうまく伝えることがポイントです。

　試作屋さんの場合、特筆すべき技術は、糸鋸以外にもあります。「ギヤボックスの穴移動」です。

　ギヤボックスは滑らかな回転を要求されます。肝になるのはそれぞれの歯車の軸と軸の距離です。ギヤボックスの試作が上がったら、歯車軸を通して、回転状態をチェックします。シブかったり、ユルユルだったりした場合、穴と穴の距離（軸間隔）の調整が必要になります。その作業がすごいのです。ポンチ、タガネ、ハンマーでやってのけます。移動する側に向かって穴周辺をポンチやタガネでたたき、じわじわ穴を移動します。0.5mmくらいは平気で移動させます。驚くばかりの技術です。スムーズに動くギヤボックスの試作が上がれば、それを精密に測って金型図面に反映させることもできます。

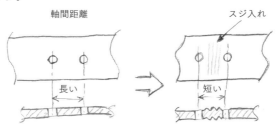

図2-17 穴と穴の軸間距離を調整する試作屋さんの技術

試作屋さん、モック屋さんは、ただ要望通り「形」にするだけではなく、実はもうひとつ大きな仕事をやってくれます。

- 肉厚が一定になるように作ってくれる。
- 金型からすんなり抜ける構造にしてくれる。

　この2つは金型設計の基本で、金型コストを低減させ、製品の表面状態を美しくしてくれます。

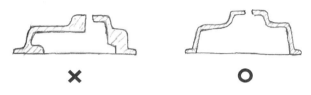

図2-18　肉厚を一定にする試作屋さんの技術

　ヒケ、しわ、ウエルド、バリ*10等[図2-19]は射出成型固有の症状で、手作り試作では確認できません。彼らは、金型設計を念頭に置き、それらが発生しにくいよう配慮してくれるのです。
　腕の立つ方なら、量産しやすい形まで考慮してもらえます。
　さて、そこまでやってもらうとして予算はいくらと考えておけばよいでしょうか？　潤沢に予算があれば、出せるだけ出せばよいでしょうが、なかなか難しいかと思います。
　私が知る限りでは、おおよその設計ができていれば「ひと仕事10万円」から作ってもらえます。この価格が安い高いかはともかくとして、プロなら受けてもらえると思います。
　今どきは3Dプリンターの性能も上がってきていますが、昔ながらのプロの試作屋さんが旋盤やフライス加工で作った切削品のクオリティにはまだまだかなわないように思います。乾坤一擲（けんこんいってき）で、会社なら企画会議にかける、個人ならクラウドファンディングに公開する、ということであれば、なおさらクオリティにはこだわったほうがよいと思います。

---

*10　バリ：パーティングラインのような型の合わせ目では、少しのゆがみや傷があると、そこから樹脂が漏れ、不要な突起が生じる。その突起を「バリ」と呼ぶ。

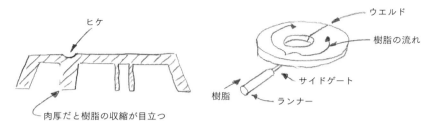

図2-19　「ヒケ」(左)と「ウエルド」(右)。肉の厚い部位は収縮が目立ち、ヒケの原因になる。ウエルドは穴の先で樹脂が出会って発生する

　この「ひと仕事10万円」の相場観は、付随する仕事にもついて回ります。たとえばパッケージデザイン、告知チラシ、取扱説明書の制作など、商品化の際に必要となってくるものがそうです(店頭販売をイメージしています。ネット通販だけなら必要ないかもしれません)。プロとしての期待値を裏切らないクオリティをイメージして頼むなら、これぐらいで予算を組んでおけば間違いは少ないと思います。

　量産の際もこの「ひと仕事10万円」の法則は生きています。経験上、金額的にこれ以上の仕事はあっても、これ以下の仕事はないように思います。

　たとえば、簡単な金型を作って、1ショット100円(1ショットは射出成型機を1回稼働させた、という意味)のプラスチック部品を100個追加で発注したとします。100円×100個ですから、計算上は1万円ですが、やはり10万円の見積が出てきます。金型を成型機にかける労賃、その他が入ってはいますが、そこに「ひと仕事10万円」の法則が生きているようにも思えます。

　その意味で、追加の場合、不要と思っても1,000個以上で発注するほうがお得。計算が合わないような感じもしますが、多めに見ても1,000個の見積は15万円くらいで収まります。金型の値段は面積ですから、A4クラスの金型からできたプラスチック部品は単価150円くらいと考えておけば、まず大きく外れません。

　いずれにしろ、見積が取れなかったり、よくわからないケースの費用は、「ひと仕事10万円」を目安に考えて予算を組んでおけば、ほぼ大丈夫ではないかと思います。

3章
企画立案

プロトタイプからの量産を考える場合、キーとなるのは工場です。
自社工場を持たない読者のみなさんは、
他社工場に生産を依頼することになります。
要は、自分が思うような製品を大量に安く期日までに作ってくれ、
作品を商品に変えてくれる工場であれば、どこでもかまいません。
品質とコストと納期。ポイントはこの3つだけです。
これらの条件をクリアしてくれれば、
国内外を問わずどこで作ってもよいのですが、
おのずと現状での制約はあります。

どこで作るか？ ー工場の選定ー

　国内工場は、打ち合わせコストが低く、コミュニケーションも取りやすいので、3つの条件が満たせれば最も有効です。

　ただ、問題は製造コストです。生産技術が高く、品質管理（略して「品管」ともいう）が行き届いている分、製造に関わる人件費の高さも諸外国の比ではありません。少量生産のガジェット的な製品には向かず、まずコストに見合うことはありません。現状、国内生産で商売になるのは付加価値の高いものだけになっています。超高級ブランド、高額商品の類だけですね。

　そうなると、目は海外に向かざるをえません。ただ、国によって3条件を満たせる確率は変わります。当然のことですが、安かろう悪かろう、高かろう良かろうはあっても、安かろう良かろうは基本的にありません。どこでバランスを取るかが、勝負です。まあ、高かろう悪かろうは論外ですが。

　歴史的に見ると、戦後はアメリカやヨーロッパの製品の製造を日本で手がけていました。安かろう悪かろうの時代を経て、人件費が安いわりに、品質や納期のバランスが良い製造国となりました。

　その後、日本は製品を発注する側に回ります。逆に、人件費が安く、そ

の割に品質と納期のバランスが良い生産国を求めていきました。歴史的に見ると、過去に日本が製造依頼した国は、韓国→台湾→香港→中国本土→ベトナム→東南アジアやインド等、の順に変遷しています。

　この変遷は、品質が上がると工賃も上がる、工賃が上がるとさらに安い国へ移る、ということの繰り返しでした。

　1990年代から2000年代初め、中国は改革開放路線が効き、特に南岸部は「世界の工場」へと変貌を遂げました。しかし、その後は、人件費高騰の傾向の割に、品質が上がらず、バランスが悪くなっていきました。2010年頃、さらに南岸となるベトナム、あるいはフィリピンやマレーシアへの移行が始まりましたが、2010年代後半から、再び中国への回帰が始まった印象です。特に、回路基板などの電子部品関係は、東南アジアではまだまだインフラが弱く、入手困難で苦戦する傾向です。逆に、中国は深センを中心に電子部品供給のエコシステムが築かれ、品質とコストと納期のバランスが取れた状態になってきました。

　金型による樹脂成型だけなら、ラインでのアッセンブル*1 も含め工賃の安いベトナムに軍配が上がりますが、電子部品が絡むとなると、中国にならざるをえない、というのが現状です。

中国工場もいろいろ

　電子部品が絡む==ガジェット的な製品の少量生産==（ロット10,000以下）は、現在中国の独壇場です。

　その世界においては、ひと口に中国といっても、3種類の工場があると私は考えています。ポイントは、開発、資材、生産、流通等に関わる技術・経験を持っているキーマンがどこのどんな人か、という点です。

①キーマンが台湾人の中国工場
②キーマンが香港人の中国工場
③キーマンが中国人の中国工場

---

*1　アッセンブル：組み立て工程（工場の生産ライン）のことで、「アッセンブリー」「アセンブリ」「ASSY（アッシー）」等とも呼ばれる。

最初に断っておきますが、この分類は民族性の話ではなく、あくまで彼らが背景に持つビジネスのコミュニティからきているということをご理解ください。
　品質が良くて納期が早い順だと①＞②＞③、コスト重視だと③＞②＞①となります。
　私は、技術を要しない比較的簡単なものなら③を、モーターで動くギミックやMCU（マイクロコントロールユニット：Micro Control Unit）、プログラム等も樹脂成型とともに頼むのであれば①をチョイスしています。
　さて、経験も知識も持たない人が、具体的に工場を探すにはどうしたらよいでしょうか？　中国語や英語を覚えて、いきなり現地に乗りこむ。あるいは電話やネットでコンタクトを取り、発注する。それで事足りるでしょうか？──ほぼ失敗するパターンです。少ない資金とはいえ、リスクを冒し、人生を賭けて勝負するのであれば、避けられる失敗は避けるべきです。
　私は、文句なくOEM生産をお勧めします。

OEM生産は外せない

　OEM（オーイーエム）はOriginal Equipment Manufacturing（あるいはManufacturer）の略で、一般的には他社ブランドの製品を製造すること、または製造する企業のことを指します。
　たとえばスズキ自動車が、トヨタのバッジを付けてトヨタ車として納品・販売することです。
　英国ではバッジエンジニアリングといって、古くから品揃えを豊かにするために行われてきました。生産数が増えることで、金型償却等が楽になる（原価が安くなる）利点があります。
　ただ、ここでいう「OEM生産」は、すでにある商品のバッジ入れ替えではなく、発注者のデザイン通りに金型等も作って生産します。ニュアンスは似ていますが、少々異なります。
　スタートアップのみなさんの生産数は100〜10,000個くらいかと思います。
　この程度の数量でしかもセカンドロット（増産）がいつになるかわからないような規模ですと、中国工場と直接取引をするのは、とても難しいとい

えます。

　直接取引するには、継続的な生産が前提となり、人を常駐させ、さまざまな取り決め（契約等）をまとめなければならず、工程管理や資材調達、品質管理等のシステムにも口をはさむ必要があります。

　トイ業界のクリスマス商戦で、2,000円〜10,000円の商品をロット1万〜10万で作る場合でも、継続生産になる数ではありません。

　そこで、昔からある手法「OEM生産」が広く使われています。単発の注文も受けてくれますし、輸出、船積み等々、面倒な手続きも任せられます。トイ、教材、ホビーなど、ガジェット系の商品の場合、ほとんどこのやり方になるのが現実です。

　OEM会社もたくさんあります。ネットで検索すればいくらでも出てきます。ただ、自分の商品にあった会社を探すのは、容易なことではありません。

　任せて安心できる会社はそれなりのコストを取りますし、コストの低いところに頼めばひどい目にあうこともあります。

　それでも彼らを使うやり方にはメリットがあります。

　企画・開発・生産管理・流通に精通していて、一般的には取引額の10数パーセントの手数料ですべて面倒を見てくれます。さらに技術力のあるOEM会社ですと、OEM会社の技術陣がサポートするので、工賃の安い工場を使うこともできます。

　われわれにとって良いOEM会社を見つける方法は以下の通りです。

・日本の会社の仕事を受けている
・電子部品、機械等技術に長けた人がいる
・使っている中国工場が2つ以上ある

　会社の事務所は日本、香港、台湾のいずれかにあるのが普通です。

　ネットだけで済ませず、必ず出向いていって、担当者とよく相談して、発注するかどうか、自分の目で決めてください（7章参照）。

COLUMN

ブローカーには注意

　海外工場での量産は、かつては個人のブローカーが横行する世界でした。「ブローカー」という言葉には怪しい響きが否めませんが、その響き通りに適正とはいえない価格で手数料を取る業者もいました。現地工場の出し値の倍以上の価格を請求されることもままあったのです。

　現在では少なくなっているとは思いますが、十分注意したほうがよいでしょう。

　昔はブローカーと呼ばれる人の中にも本当に頼りになる人がいました。

　もちろん、技術があっても人として信頼できないような人には仕事は頼めませんし、逆に人柄が良くても技術のない人にきちんとした製品は作れません。さらに、もうひとつ要件があります。技術があり、人柄も誠実だとしても、ビジネスのことを念頭に置いていない人も、仕事相手としては危ないです。

　技術・人柄・ビジネススキルを兼ね備えた人は業界でも少なくなったように思います。日本では、そういった人たちの海外流出、あるいは高齢化が進んでいます。

　昔はこういった仲介者・ブローカーが、海外生産とはいえ、日本の製造業を支えていたのです。

　私がこの本を書かせていただいた理由のひとつは、実体験をもとにしたこれらのノウハウを次世代に残したいという思いからでもあります。

OEM会社への見積依頼

　海外との窓口となると、最初に接触するのはOEM会社です。いずれも海外生産の事情通であり、日本に住んで国内だけで生産ビジネスをしている人たちとは明らかに異なります。われわれとは違いがあることを前提に、お付き合いすることが大切です。

　ここでは中国で生産する場合についてお話しします。

　最初は「概算見積」「日程」等の話になると思います。はっきりと割り切れる場合と、曖昧なまま通り過ぎる場合が混じります。このあたりは面会回数を重ねるとだんだん感覚がわかってきます。何しろ仕事上の文化的背景が異なりますから、話が通じたり、通じなかったり。すでに海外との接触が始まっていると思って、あまりイライラしないようにしましょう。そこでは日本の商慣習は通用しませんから。

　まずは、ビジネスランチなり、ビジネスディナーをともにすることをお勧めします。出張の際の予行演習くらいに思ってください。中国では、ごはんの最中に本音が見え隠れすることがままあります。

　このときにあらためて中国での事情をよく聞いておくとよいでしょう。

　OEM会社はすでに量産時の工場を想定しているはずなので、部品サプライヤーの得意・不得意、工場ラインの大きさ、人員、成型機の有無、メタル部品の得手・不得手くらいは聞き出しておきたいところです。

　この時点で、何となく作りたい製品と工場が合わないように感じたら、遠慮なく変更を依頼しましょう。OEM会社は顔が広いので、最適な工場を選択してくれるはずです。

　やけにひとつの工場にこだわる、あるいは、何か話が噛み合わない感覚があるようなら、別のOEM会社も検討しましょう。

　自分の大切な作品を商品にするためです。見積段階であれば遠慮はいりません。海外取引はある意味「何でもあり」の世界です。彼らもそういった対応には慣れっこですから、ダメならダメで次のお客さんにいくだけの話です。このあたりの割り切りは日本のビジネスマンよりよほどすっきりしているので、気にする必要はありません。

　OEM会社は、工場との太いパイプがあり、生産や品質管理、流通等、商品化のすべての工程に知識・経験を持っています。見積依頼の段階で、中国工場のチーフエンジニアのところまでこちらの情報は届いているはず

です。

　彼らは見積書作成のためにどんな作業をしているのでしょうか？

　大雑把に言うと、部品表に各部品の単価を入れて合計を出します。これが彼らにとっての製造原価ですね。それに利益・諸経費等を加えます。工場からの見積を受け取ったOEM会社は、そこに自分の経費・利益を乗せてみなさんのところに戻します。みなさんがOEM会社に見積依頼して、早ければ3日、遅くとも1週間もあれば回答が来るはずです。

　このへんのスピード感はさすがという感じですが、なぜこんなに早いかというと、概算だからです。射出成型金型は、スライド［図3-1］がなければ大きさA4クラスで1型100万円程度、成型品は1ショットあたり100〜200円程度で見積もります。過去に似たような製品をやっていれば、手間のかかる詳細見積は行いません。

　概算だからといって大幅に間違えることはないので、こちらの仕様が変わらない限り、通常、最終価格と大きな開きはありません。

　上がってきた数字をもとに企画書を作成していきましょう。

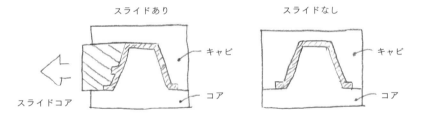

図3-1　射出成型金型のスライド。スライドコアはキャビ型、コア型が開くタイミングで横移動する

AQLについて考える

　価格と納期はわかりやすいファクターですが、品質についてはどう考えたらよいのでしょうか？

　品質へのひとつの見方としてAQL（Acceptable Quality Level：合格品質レベル）があります。一定のロットで抜き取り検査をしたときに許容する不良率を示す指標です。ゼロが理想ですが、現実には不可能です。また、分母が大きいと、率が小さくても絶対数はバカになりません。仮にAQL2.0

（つまり、不良率2％）で1万のロットで製品が出荷されれば、市場に出たときには200個の不良品が混じることになります。そのすべてが返品・クレームの対象になるので、対応する労力はかなりのものです。

中国国内の資本による工場、いわゆる中国ローカルの工場を選定したとしましょう。

最近ではAQL1.0が達成できるほど、工場も成長しました。30年前を考えれば、かなり改善された数字です。

その昔は、「『品質管理』なんて言葉は中国にはない」と思えるほど悲惨でした。工場で検品を重ね、最後には抜き取りではなく全数検品を行ってもまだ不良品が相当数混入していました。当時は、何回も開梱するのでPPテープが重なって分厚くなっているカートンをよく見かけました。逆に製品のカートンの封印状態を見ればおおよその工場の品質は見極められたものです。ちなみに今でも通用する工場観察法だとは思います。

こうして中国で不良品をはね、何とか良品と思われる製品だけを日本に送ります。日本で検品専門の会社が待ち構えていて、入港した40フィートコンテナをそのまま送りこみます。そこでもう一度全数検品して、良品のみを市場に出荷するというシステムでした。ここまでやっても最終的な不良率は5％はありました。いったい工場で最初に作られた製品には何％の不良があったのか、考えるとぞっとします。

そこで、当時はこんなことをしていました。

仮にAQL5.0で10,000個中国から出荷したとしましょう。国内の検品でやはり5％の不良品が出ました。市場に出せる良品は9,500個しかないという計算になり、500個ほど出荷数がショートします。そこで、これを見こんで10,500個を出荷してもらっていました。ただし、支払いは10,000

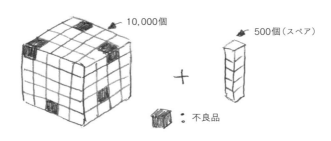

図3-2 AQL5.0の場合、10,000個ロット＋500個（スペア）が出荷される

個分です。5％の不良率は認めるから、補填分の製品を上乗せしてほしい、というやり方です。細かく言えば、上乗せした500個からも25個の不良品が出る可能性があるので、もう少し多めに出荷してもらっていました。AQL5.0というのはこういう世界です。

　中国側からすれば、どうやっても不良率5％は変わらないので、改善に努力を傾注するより、数多く渡して日本で解決してもらうほうがマシ、という論理です。日本側では、10,000個の代金で10,500個手に入るのだから不良はがまんしよう、という感覚です。

　当時から日本の工場では品質管理の考え方が徹底されており、不良率1％以下は当たり前でした。そんな時代に日本の5倍の不良率ですから、悲惨以外の何ものでもありません。それでも価格面を考えれば、中国で作ったほうが利益が出たのです。

　この商慣習（？）はAQL1.0まで品質が上がった今もなぜか続いていて、10,000個発注で10,100個納品されます。現在は日本では検品会社を通さないので、10,000個をそのまま出荷し、残る100個は予備品として確保しておけます。市場で不良品が出れば、超特急で交換できるわけです。

　これを原価の面から考えてみましょう。

　数字は30年前のものです。もう時効ということで正直にお話しします。読み終えたら忘れてください。

　中国ローカル工場の出荷価格が100円の製品を作りました。この場合、ブローカー利ざやを足して、ブローカーの出し価格は200円となります。日本の検品会社の検査料が200円ですから、仕入価格としては400円です。

　現在では人件費高騰の影響で、同じような製品でも工場の出荷価格は3倍ぐらいになっています。つまり300円です。しかし、私の知る限り、現在ではブローカーが利ざやを足しても価格は360円といったところでしょう。検品会社での作業はなくなったので、仕入価格はそのまま360円となります。

　400円から360円へと、品質が上がったのに仕入価格は安くなるという、一見不思議な話なのですが、現実として起こっています。仮に同じ400円だったとしても、日本側からすればブローカーや検品会社にお金が落ちるより、工場に落ちたほうが品質は上がるので効率的です。

　30年経った今も中国が世界の工場でいられる要因は、やはり品質の向上にあるように思います。ただ、不良を許容する「AQL」という考えは一般

の日本人感覚では違和感を覚えるように思います。不良品混じりの製品を事前にわかっていながら出荷するのですから。

　一方、AQLと価格は密接に結びついています。「安い分、不良品が混じりますよ。不良品をなくすならお金は上がりますよ」というわけです。グローバルスタンダードとしては、今も通用しています。

企画書の書き方

　人に見せられるレベルでプロトタイプができました。資金にもめどが立ち、OEM会社や海外工場の選定も終わりました。最初の見積も取れて、原価もおおよそ見えました。

　いよいよ、関係者に見せる企画書の作成です。会社ならこれが企画会議にかける資料になるし、個人の場合でも、自分以外の出資者がいる、あるいは出資者を募るなら当該者にこれを見せることになります。いずれにしろ、他人に決断をさせる重要な書類ですから、何よりも説得力が大切です。

　必要な書類は、企画立案書、見積原価計算書、生産スケジュール表の3つです。

●企画立案書の書き方

　いかに世の中のニーズがあるか、独創性があってアピールできるか、といった点を意識して企画立案書に盛りこみます。おそらく、アイデアを商品化する段階でも散々考えてきたでしょうし、試作屋さんはじめ自分に近い開発関係者、OEM会社などには見せてきたはずです。この段階では、なるべく冗長にならないよう、簡潔かつ的確にまとめます。

　一般的には、以下のような事項を盛りこみます。

ータイトル

　商品をイメージできる、端的な表現にします。見てすぐわかる、訴求力のあるものがベストです。顧客がイメージしやすい、みんなが知っている言葉で構成することが基本となります。

　ただ、独創性の高い商品、新しい価値観を提案する商品などの場合、新語を作り出す必要もあります。周囲の人々の意見も聞き、マーケティ

ングしながら知恵を絞ってください。

　タイトルを決めたら、特許庁のホームページ（J-PlatPat：https://www.j-platpat.inpit.go.jp/）で商標登録の有無も確認しておいてください。

　内容がより理解できるように、補完のためのサブタイトル、あるいはキャッチコピーを付随する場合もあります。

― 企画背景

　アイデアのもとになった社会背景や情報を盛りこみます。ポイントは「商品にいかにニーズがあるか」を訴えるということです。データなどを引用しつつ表現するわけですが、ダラダラとした説明はかえって説得力を失わせることになります。簡潔をもって旨とします。ただ、ニーズにも、今すでにある場合と、将来を先取りする場合があるので、後者にはより詳細なデータがあったほうがよいと思います。「ニーズがこうだから、こういう商品を企画した」という企画意図を明確にしておきましょう。

― 発売時期

　詳細な生産スケジュール表は別添するので、ここでは簡潔に記します。必要があれば、理由も書いておきましょう。

― 企画者

　企画の責任者が誰なのかをはっきりさせておきます。

― 価格

　見積などをもとにした価格を簡潔に提示します。別添で見積原価計算書（損益計算書）を提示するので、根拠はそこで説明します。

― 生産数

　価格とともに重要な数字になります。市場規模、販売ルート、類似商品の販売実績、世間の値ごろ感などの外的条件の他に、生産効率などの内的条件も懸案した数字を記します。リスクヘッジを考えると、最小ロットに近い数字を記しておいたほうが無難です。見積原価計算書と照らし合わせて決定します。

ー 購入対象者

　想定される顧客について記します。企画背景とも連動する事項でしょう。具体的なターゲットをできるだけ明確に記します。ただ、絞りこみすぎると対象者が減り、マーケットが狭くなるという課題が生じます。

ー 商品内容

　構成部品の役割や使い方、付属品やパッケージについて説明します。販売時のセールスポイントになりそうな点を強調しながら、簡潔で的確な表現を心がけます。

　おおよその大きさや重量も記しておきます。商品輸送や店頭販売時の販売スペースの参考になります。

ー 類似商品の状況

　過去に似たような商品があれば、内容を記しておきます。価格帯や顧客、販売個数や売上についてのデータがあればベストです。なければ、あえて記す必要はありません。

　ただ、類似商品がないということは、過去に例を見ない独創性に優れた商品か、あるいは市場の淘汰に耐えられないと判断されて世に出なかった商品かのどちらかです。往々にして後者である場合が多いので、マーケティング調査はしっかり行いましょう。

ー 販売ルート

　どういうルートで販売するかは、企画決定の権限を持つ人にとって、利益に直結する重要事項です。なるべく、営業担当者に接触するなどして、感触を探っておきます。ある程度ウラが取れれば、販売ルートとして記してよいと思います。あまりにも根拠のない販売ルートは不審感を抱かれるので、書かないほうがよいと思います。

「ツインドリル ジェットモグラ号」企画立案書

- **発売時期**：2019年8月初旬
- **キャッチ**：書籍『メイカーとスタートアップのための量産入門』連動企画「micro:bit」を使ったプログラミングで、さまざまな実験ができる
- **タイトル**：「ツインドリル ジェットモグラ号」
- **企画者**：小美濃芳喜ほか『メイカーとスタートアップのための量産入門』編集チーム
- **販売ルート**：当面は、通信販売会社にしぼる。
- **価格**：2,000円（税別）
- **購入対象者**：①小中学生の子どもを持つ、STEM教育に関心のある保護者。子どもと楽しむプログラミングやものづくりに興味のある層。②『メイカーとスタートアップのための量産入門』の読者。電子工作、メカ工作、プログラミングに興味があり、起業を志している人。
- **企画背景**：2020年度からの小学校でのプログラミング教育導入を背景に、コンピューターを使ったSTEM教育に関心が集まっている。そこで、教育用マイコンボードmicro:bit搭載を前提にしたSTEM教育用ガジェット教材を企画した。

  本企画は、書籍『メイカーとスタートアップのための量産入門』の本文進行（2019年8月発刊予定）に並行している。多くの読者に「ツインドリル ジェットモグラ号」に興味を持ってもらい、スタートアップのために「アイデア〜量産〜発売」までの過程を実感してもらう意図もある。
- **内容・特長・構成**：本体は、モーターが内蔵された2つの大きなドリルと電池ボックス、制御基板、ケース等で構成される。制御基板にはmicro:bitを装着できるよう、専用コネクターがプリント配線されている。動作は、micro:bitのプログラムに従い、前進、後進、回転、横移動が様々な速度変化で実現できる。また、改造できる仕掛けを随所に設け、ガジェット好きメイカーの遊び心を刺激する。
- **おおよその大きさ**：宅配便規定の60サイズ以下を想定。重量は300g程度（参考：60サイズの規定／縦・横・高さの合計が60cm以内で重さが2kgまで）。
- **類似商品**：見た目が近い商品として、過去に、ドリルひとつの「サンダーバードジェットモグラ」のプラモデルがあったが、前進・後退は台座に付いたタイヤで行っていた。サンダーバードシリーズのプラモデルとしては、人気の一角を占めた。

図3-3　「ツインドリル ジェットモグラ号」の企画立案書

●見積原価計算書の書き方

　企画立案書と同時に出す書類に見積原価計算書があります。損益に関わる重要な書類となります。[表3-1]の表にそって説明します。

― 生産数

　生産全体の個数です。実際にはこれに不良率を見こんだプラスアルファがありますが、見積上はキリのよい数字にしておきます。さまざまな単価を計算するときの分母となる数字です。

― 本体価格

　消費税の入らない税抜価格です。実際に顧客が支払う額はこれに消費税が乗るので、実際には「本体価格＋消費税」で値ごろ感を形成する価格を考えたほうがいいと思います。

― 卸率（おろしりつ）

　本体価格に対してのパーセンテージで表します。製造原価と同じく利益の肝になる数字ですが、販売ルートや条件（買取か委託か）によってかなり違います。

　一般的には、買取前提で小売店なら55％前後、大型の販売店なら50％前後のイメージでしょうか。

　買取の場合、売れなければディスカウントされます。安売り対象にされてしまうと、他店への営業の際、卸率を下げる方向のバイアスになりえます。

　卸率が60％を超えると委託販売になりがちです。委託販売の場合は、店頭で売れないと返品になりますから、不売率の悪化や不良在庫につながります。

　想定する販売ルートの事情をよくリサーチしておきたいところです。

― 製造原価

　製造に関わる原価の総称となります。通常はOEM会社または海外工場の出し値に、輸出入に関わる費用、製造に関わる人の人件費（個人なら自分の人件費。出張費なども含まれます）などが加わります。

　計算上、製造原価の中身は2種類に分けられます。固定費と変動費です。

固定費は生産個数に関わらずかかる費用、たとえば金型代、人件費などがそうです。総額で見る場合が多いです。単価あたりで見る場合は、固定費の総額を生産数で割ります。

　変動費は生産個数に比例した費用です。材料費などがこれにあたります。単価あたりで見る場合が多いです。総額を見る場合は、変動費に生産個数を掛けます。

　通常、固定費単価に変動費単価を足したものが製造原価（製造原単価）となります。

　ここに、営業に関わる販売管理費（宣伝費や広告費、倉庫代なども含まれる）や、営業で動く人の人件費が乗ったものがいわゆる「原価(コスト)」となります。

　ここでいう製造原価までを「製造1次原価」、営業に関わる費用が乗ったものまでを「製造2次原価」とする呼び方もあります。

　本体価格に卸率を掛けると卸価が決まります。ざっくり言えば、卸価＞製造2次原価（単価で考えます）なら利益が出ます。逆に卸価＜製造2次原価なら1個売るごとに赤字が増えるだけなので適正な原価とはいえません。原価を見直し、削れるところがないか検討します。それでも事態が改善できなければ、企画からしてボツ、ということになります。

　企画書上は、当然、卸価＞製造2次原価になっていなければなりません。個人のスタートアップが「個人だから」という理由でここを曖昧にして事業を継続しても、先に待っているものは失敗、いえ、大失敗しかありません。シビアに数字を追求しましょう。

─ 不売率

「『卸価＞製造2次原価』になったからもう安心だ」

　見積原価計算書を前にして安堵したいところですが、最後に曲者が待っています。不売率です。破損や返品で戻ってきた、あるいは出荷できず在庫になっている商品数を生産数で割った数字です。ひらたく言えば、売れなかった商品の割合です。

　いくら見積段階で適正な原価に抑えても、市場の淘汰に耐えられず、不売率が高くなってしまえば、やはり赤字になります。

　ただ、通常不売率はゼロにはなりません。輸送中または店頭に置かれている間、必ず破損は出ます。万引きされてしまうこともあります。不

良交換に回されることもあります。一般的には10〜15％ぐらいは覚悟しなければなりません。生産数に関して、85％ぐらいの商品が売れれば、まずは完売といってよいでしょう。「完売で乾杯」となれば理想的です。セカンドロットの検討にも入れます。

― 営業損益

総売上から製造２次原価の総額を引き、（１－不売率）を掛ければ、営業損益となります。ここがプラスになって初めて、利益の出る商品＝本当の意味での「商品」ということができます。あなたの「作品」が「商品」になる瞬間を迎えるわけです。

ここで「ツインドリル ジェットモグラ号」の損益を見積原価計算書［表3-1］から見てみましょう。

ツインドリル　ジェットモグラ号　　見積原価計算書

生産数	2,500台	金型、版代	1,230,000円	製品代	750,000円
価格（税込）	2,160円				
本体価格	2,000円				
卸率	60％				
製造原価	1,980,000円	固定費合計	1,230,000円	変動費合計	750,000円
見積原価率	66％	固定費単価	492円	変動費単価	300円
				製造原単価	792円

※消費税は8％で計算。見積原価率は製造原単価を卸価で割ったもの。

シミュレーション

実売数	2,250台	広告益	0円
不売率	10％	他経費	0円
実売金額	2,700,000円	宣伝費	0円
売上損益	720,000円	営業損益	720,000円

表3-1　「ツインドリル ジェットモグラ号」見積原価計算書

［主要な数字］
生産数　　　　　2,500台
本体価格　　　　2,000円
卸率　　　　　　60％
製造原価合計　　198万円（固定費123万円、変動費75万円）

不売率	10%
実売金額	270万円
営業損益	72万円（不売率34％で営業損益ゼロ）

　ひらたく言うと以下の通りです。
　198万円を投資して、完売で72万円の儲け。34％が売れ残った場合、損益ゼロになります。金型償却は初期ロットで済ませていますので、セカンドロット以降は利益率が大幅に増えます。
　59ページの「見積原価計算書」を参考にして、エクセル等でシミュレーションしてみてください。

●生産スケジュールの立て方

　企画段階での生産スケジュールは、あくまで予定でかまいません。あまりきついスケジュールを組んでしまうと、万が一のとき対処が効かなくなります。通常1週間から2週間程度余裕を見越しておきます。ただ、経験上、余裕を保ったまま発売日にこぎつけたことは今のところありません。そういうものだと考えておいたほうが無難です。
　最初に行うことは、金型のPO（Purchase Order：注文書）を発行し、注文することです。次に相手先の支払い条件に応じて必要な金額を支払います。金額が確認されれば、具体的に金型の製作がスタートします。
　ここから先は、作るものと数量によってかかる日数が異なります。組み立て工程を含んだトイレベルのガジェットなら、3万個をオーダーしたとして150日前後見ておけば、海外工場からの出荷は可能です。
　海外工場出荷から日本国内の指定倉庫に納入するまで、税関でトラブルがなければ1週間から10日といったところです。そこから販売店の店舗までは数日かかるので、海外工場出荷から発売日までは2週間程度、といったところです。
　PO発行後160日、余裕を見越して180日つまり半年後と考えたいところですが、これほど製作日数をもらえたこともかつてありません。販売戦略等を考えると適切な発売日はおのずと決まってきますので、1ヶ月半ぐらいの短縮は珍しくありません。それでも120日は最低限ないと3万個の生産は苦しくなります。
　少量生産の場合はだいぶ事情が違います。たとえば、3,000個なら成型

機による成型にもあまり時間はかかりません。さらにバルクでの出荷[*2]ならもっと短縮できます。

　組み立てありのガジェット3万個の場合[表3-2]と、2,500個分をバルクで仕入れる「ツインドリル ジェットモグラ号」の場合[表3-3]の生産スケジュール表を見比べてください。金型製作以後にかなり違いがあるのがわかると思います。

　中国でこの生産期間が1〜2月にかかる場合、厄介な問題が生じます。それが中国のお正月「春節」です（詳しくは次のコラムを見てください）。

COLUMN

春節はめでたいだけじゃない

　中国のお正月は「春節」といいます。日本と同じく、みんなで新年を祝います。ただ、日本と違うのは、毎年日にちが変わることです。月の動きに合わせた暦である太陰暦（旧暦）に則った新年だからです。この時期、工場は休みになり、ワーカーも故郷に帰るため、生産活動は休止状態となります。春節に生産時期がかかると、いったん敷いた工場ラインをばらして、春節明けに再び組み直すことになります。問題は、春節前にラインで働いていたワーカーがしばしば戻ってこなくなることです。故郷で情報交換して、より給料が良い工場へ移ってしまうからです。同じラインでも慣れたワーカーと初めて作業するワーカーでは手際に差が出て、生産スピードの減速、不良率のアップなどにつながります。生産はこの時期にかからないようぜひ注意してください。

[*2]　バルクでの出荷：部材のみを出荷する場合。アッセンブルがいらないので工場でラインを敷く必要がない。

	2019.1	2	3	4	5	6	7	8	9	10	11	12	2020.1	2
企画スタート	→													
図面提出			3/末→											
3Dプリンタ上がり				4/末→										
金型スタート・PO発注						6/末→								
T1ショット								8/25→						
中国出張								中国出張	9/中					
T2ショット									T2→					
T3ショット										T3→				
TEショット										TE→				
金型修正上がり											→Tooling			
出荷												→ETA TOKYO →出荷		
発売														→発売

表3-2 トイ・教材レベル（3万個レベル）のガジェット生産スケジュール

	2019.1	2	3	4	5	6	7	8
企画スタート	→							
図面提出		2/20→						
3Dプリンタ上がり			3/11→					
金型スタート・PO発注				4/16→				
T1ショット					5/19→			
中国出張					5/19-5/22			
T2ショット					5/19→			
TEショット						→6/初		
金型修正上がり							Tooling→	
ETA TOKYO							ETA TOKYO 7/中→	
手直し 出荷							7/末→	出荷
発売								8/初 発売

表3-3 「ツインドリル ジェットモグラ号」生産スケジュール

企画会議の対応策

　今後、企画の説明は何度もしなければなりません。人前でしゃべる機会が増えるということは、企画が評価されている証拠でもあります。また、しゃべっているうちに別のアイデアが出てきたり、新たな長所や欠点に気づいたりもできます。何をおいても、喜んで企画会議に出席しましょう。

　ここでは、アイデアを人に伝えるにはどうしたらよいか、特に組織内での企画会議で話すために何を準備すべきかを考えていきましょう。個人の方が会社や投資家の方に話す際の参考にもなると思います。

　企画会議は、回数を重ねると、決まったくだりは、意識せずとも口をついて出るようになります。場慣れしてくると、聴衆つまり参加しているみなさんの顔も見えてきます。顔が見えてくると、相手の考えていることがだんだん読み取れるようになります。そうなればしめたものです。

　企業内でのプレゼンの場合、出席者のポジションや所属によって、聞くポイントが異なります。話の中に各人が聞きたいであろうことを予測して入れこんでおくと、良いプレゼンになります。ポイントを次に記します。

- 社長、役員向け

　会社の方針や方向性、長期計画に合致しているか？
→社長、役員レベルの相手には、プレゼンの背景を説明する際、このことを必ず入れこんでおきます。

- 営業部門向け

　手離れよく営業成績が上がるか？
→売れる企画にはみんな近づいてきますが、売れそうもないとなると潮が引くようにいなくなるのが営業の世界。従前の販路に合っている点を強調したり、新規販路の開拓につながることなどを営業部門の立場に立って強調します。

- 製作部門向け

　面倒な取引先はないか？
→製品作りに際し、今まで取引のないOEM会社や部材製作会社と取引するケースが起こり得ます。新規の取引先に対しては、製作部門だけに

任せず、お膳立てをすべて済ませておいてから製作部門に引き継ぐようにします。

- **広報、お客様相談向け**
  面倒な問い合わせはないか？
  →従前の対応システムの改善案を提示しておきます。

　会社内で企画部門にいる方や、個人で企画を進める方は、最初から最後まですべてを把握し、目配り・気配りをする必要があります。会社の場合、社内の営業、製作、ユーザーサポート等々のシステムを使わせてもらうということですから。プレゼン前に関係者に「根回し」をしておきたいところです。

4章

発注

企画も無事通りました。
次はいよいよ正式発注です。
企画用は簡易見積（金型と単価）でOKですが、
この段階では、より正確な見積を取りましょう。
問題がなければ、PO（Purchase Order：発注書）を発行し、
代金を支払うことになります。

部品表、見積とブレイクダウン

　正式発注のためには、詳細見積の依頼が必要です。そのための部品表も用意しなければなりません。また、OEM会社などから出た見積に納得がいかなければ、「ブレイクダウン」（70ページ参照）を見せてもらう場合もあります。

● 詳細見積の依頼

　詳細見積の要点についてお話しします。
　固定費（金型、版代、写真、イラスト、テキスト、編集作業等）は、生産数で償却するので、大雑把なままでも大丈夫です。
　しかし、変動費の製造単価は、卸価、上代（定価）にそのまま影響を与えるので、厳密な見積が必要となります。
　製造単価は、部品表と生産数からサプライヤーが調査を始め、工数、利益等を乗せて算出されます。
　生産数によって価格が変わる部品もあるので、ロット1,000個、5,000個といった条件で見積を依頼します。

根拠はありませんが、見積の変わり目が対数目盛りのような感じです。たとえば、ロット1,000、2,000、5,000、1万、2万、5万、10万……といった節目で価格が変わります。5,000と7,000ではさほど変わらず、1万の声を聞けば、一段安くなる印象があります。電子部品の価格もそんな感じですね。

　生産数1,000個と言わずに、「生産数は1K」（Kは千の意）と言う場合もあります。15,000個生産だと「15K」です。ちょっとプロっぽい表現ですが、慣れると便利に使えます。中国では普通に使っています。

　部品表を作ってみましょう。部品表は、以下の項目があればOKです。

　番号、部品名、数量、材質・仕様、寸法・加工、指定色など（詳しくは次のページの[表4-1]を見てください）。

　自分用には、試作段階で調べた部品の単価とその合計などの項目も入れてください。ビス、ワッシャー、リード線等、小物も忘れずに！

　接着が必要な場合、接着剤（グルー）を1行追加しておいてください。後から追加すると高額になりやすいです。

　作った部品表から、単価、合計欄を抜いて、OEM会社に詳細見積を依頼します。提出日、サインを忘れずに！　見積依頼書はOEM会社から海外工場の担当者に渡るはずです。

● **詳細見積依頼に関して知っておきたいこと**

　詳細に見積をかけると、先方からも細かい内容を聞き返してくることがあります。部品によっては、仕入れに関していろいろ条件があるからです。その際に必要な項目について紹介しましょう。

- **MOQ（Minimum Order Quantityの略。最小注文ロットのこと）**

　　部品メーカーが少量では部品の生産ができない場合（単価が合わない等も含めて）、あるいはサプライヤーが在庫を持てない場合などに発生します。1,000個以下の発注では、こういったケースが出てくると思います。

　　よくあるのは、リールで納めるチップ抵抗やチップコンデンサー等です。

　　その場合、初期ロットで残った部品が在庫になります。原価計算が少々ややこしいですね。表面実装機を使わなければ、バラ部品で対応してもらえます[*1]（割高ですが……）。

番号	部品名	数量	材質・仕様	寸法・加工	指定色	備考
1	TDJ-BODY	1	ABS			
2	BACK-PLATE	1	ABS			
3	FRONT-PLATE	1	ABS			
4	COVER	1	ABS			
5	R-UPPER	1	ABS			
6	R-LOWER	1	ABS			
7	L-UPPER	1	ABS			
8	L-LOWER	1	ABS			
9	GERA-Z46	2	ABS			
10	JOINT	2	ABS			
11	第2歯車-Z30	2	POM			
12	第3歯車-Z42	2	POM			
13	ピニオンギヤ	2	POM	モジュール0.5-10歯、シャフト2.0		汎用品
14	電池接点端子	1	プラス	単4用		
15	電池接点端子	1	マイナス	単4用		
16	電池接点端子	1	プラスマイナス	単4用		
17	電池接点端子	1	マイナスプラス	単4用		
18	プリント基板	1	エポキシ両面	60*45 t=1.0 レジスト版*1		実装済み
19	micro:bitコネクター	1		別途サンプル		参考USD0.8
20	ドライバーIC	1	モータードライバー	別途サンプル DRV8833相当		参考USD0.57
21	電源IC	1	HOLTEC HT7333	表面実装		
22	抵抗	6				
23	電解コンデンサー	1	470μF?6V			
24	チップLED	1			赤	
25	チップコンデンサー	5				
26	スライドSW	1				
27	モーター	2	130			
28	タッピングねじ	5	2.6-8			
29	ネジ	2	M3-10			
30	四角ナット	2				
31	メタルシャフト	8	2*10			
32	PP BAG	2		160*200*0.05		
33	マスターカートン	1/100				バルク
34	管理費	1				
35	送料	1				流通王等
36	取扱説明書	1		A4 4C/1C		完全原稿送付
37	ヘッダーOPP	1				

表4-1 「ツインドリル ジェットモグラ号」部品表

図4-1 リールになっているチップ抵抗

　モーターは受注生産が普通なので、MOQをたずねてくると思います。1,000個以下の場合、汎用品から選ぶことになりそうです。その場合、汎用巻き線のモーターをサンプルでもらってテストしておきましょう。

　受注生産扱い（オーダーメイド）になった場合、巻き線指定ができます。ガジェットに合わせてモーター巻き線を指定します。たとえば、動きの激しい製品の場合、巻き線を太くして大きなパワーの出るモーターを作ってもらいます。逆に、太陽電池等、弱い電流で動くガジェットの場合、巻き線を細くして、たくさん巻いたモーターをオーダーします。

ー コンパチ（Compatible）品

　互換性のある部品を指します。たとえばZ80はめちゃくちゃ古いICですが、コンパチ品があります。使い勝手がよいので、技術屋さんの間でもファンが大勢いるのでしょう。選んだ部品にコンパチ品が出ているようなら、まだしばらくは使えると判断してよいと思います。

ー ディスコン（Discontinued）

　製造、販売、サービスが中止された品のことです。生産前にわかればよいのですが、生産中に発生すると動きが取れなくなります。電子部品

＊1　表面実装機はプリント基板にチップ部品（抵抗やコンデンサ等）を自動で実装する装置。この装置を使う場合、チップ部品はリール仕入れが原則のため、少量生産では無駄が発生する。それを避けるため、チップ部品をバラで仕入れて人手で実装する。仕入れは安いが、人件費はかかる。

はなるべく有名メーカーを使うようにして、コンパチ品の有無を下調べしておくと安心です。特殊な部品は製品の付加価値を上げる半面、供給に難がある可能性もあります。MCU（Micro Control Unit：マイクロコントロールユニット）も注意の対象になると思います。

　しかし、ある日突然ディスコンになることはありません。必ず、事前アナウンスがあります。選んだ部品の状況をメーカーのホームページ等でチェックしておいてください。

ブレイクダウン（Breakdown）

　本来の英語にはさまざまな意味があるようですが、ものづくりの世界で見積に関連する場合、「下位に展開」といった意味で使います。

　具体的には、工場側で作った部品別の詳細原価表のことで、コスト分析等に使う内容になります。

　詳細な見積を取ったのにどうも価格に納得がいかない場合、「ブレイクダウンを見せてください」と要求することはできます。OEM会社や工場の担当者はちょっと嫌な顔をしながらも、見せてくれるでしょう。

　費用項目は、こちらで提示した部品表に加えて、生産工数、クリーニング、損失、香港までの運賃、コンテナ船賃、工場の管理料、OEM会社の管理料等々が加算されています。

「この部品が高い！」とか「こんなのいらない！」といった指摘をして、コストダウンを要求するわけですが、敵もさる者でこの作戦はあまりうまくいきません。想定される指摘に対して策を練った上で出しているケースが多いからです。よほど意表をつかないと結果には結びつきません。逆に、再見積を依頼するたびにコストアップになったりします。

「ブレイクダウン」は知識として知るだけにとどめて、実戦ではあまり使えないと思ったほうがよいでしょう。

　コストダウンを要求する場合、販売計画や販売ルート、スケジュール等々、こちらの事情を説明して、「このままでは市場で受け入れられない可能性があるので、ザックリ『8％』いや、ぎりぎり『5％』のコストダウンをお願いします」と言った方が早いと思います。細かいとこを突くより、率直にこちらの意向を伝えた方がよいでしょう。

　ただ、何度も要求していると信頼関係が崩れます。じっくり検討して、コストダウンの要求は一度だけにしておきましょう。

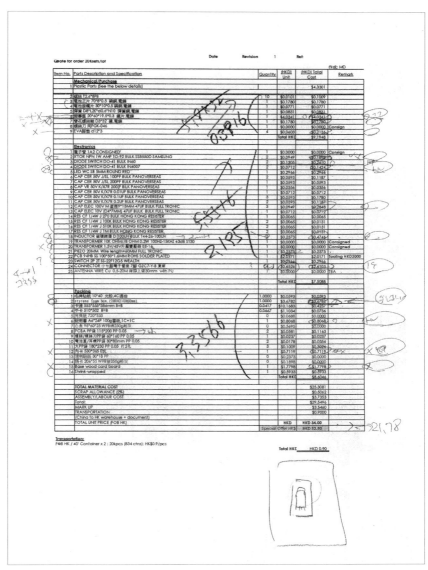

図4-2 ブレークダウンの実際。細かいところまで検討を加える。

COLUMN

かつてはこんなこともありました

　今どきは珍しいかもしれませんが、かつては、工場の資材担当者が個人で資材会社から裏金を取って、それがコストに反映される、という場合がありました。もちろんそんなことは工場の社長も知りません。確たる証拠があれば立派な背任横領罪ですが、簡単にはわかりません。とはいえ、コンプライアンスとしては完全にアウトですから、こういう社員のいる会社は結局、消えていきます。

　昔、実際にある工場で体験した話です。

　価格交渉が難航し、資材担当者にブレイクダウンを要求しました。ところが、かたくなに拒否されました。あまりにらちがあかないので、彼の上司へ話をつけようとするとそれも嫌がる。「はは〜ん」とは思いましたが、追及したところで始まりません。目的はコストダウンですから。それでも疑いの眼差しを注ぎ続けていたら、最後には折れて、こちらの思う数字が出てきました。

　なすがまま、言われた通りにしていても、後から「してやられた」ということになりかねません。そうかといって、いつも疑いの目を向けていても信頼関係が築けません。怪しい数字を見破る目を養う必要があります。

　経験を重ねると、妙な見積には自分の中のセンサーが反応します。

　一方、経験を重ねなくても数字を見る目を養う方法があります。現地で資材を売っているお店を見て回る、という方法です。

　私も中国出張の際は、時間に余裕があるかぎり、資材や電子部品などを売っているお店をできるだけ見て回ります。どんな部品がどれくらいの価格で、どんなロットで売られているかをチェックするためです。いわば「魚の目利き」ですが、誰にでもできる方法だと思います。中国などへ行く機会があれば、ぜひ試してください。結構、おもしろいですよ。

POの発行

　詳細な見積を確認し、価格に納得がいったら、次はPO（Purchase Order：発注書）発行となります。これをもって、OEM会社さらにその先の工場との正式契約となります。POを発行すれば、ここから先は発注者・受注者ともお互いに法律上の責任を負います。お金も動くし、慎重にならざるをえないところです。

　会社の場合だと、状況によっては「企画会議が通ったのにPOが発行できなかった」つまり企画がつぶれてしまった、ということも十分起こり得ます。

　なぜかというと、企画が通ったのはあくまで自分のいる部門だけの話です。企画前はそれなりに他部門への根回しをしているかもしれませんが、他部門のスタッフが本腰を入れて検討するのは企画が正式に通ってからです。

　たとえば、営業部門は本格的にマーケットの調査を始めます。企画時に想定したマーケットは企画会議用の仮説にすぎないからです。あるいは、発注・製作部門からほかの工場への発注可能性について言及してくることもあります。彼らなりに、あらためて原価、納期、品質について検討するからです。

　いずれも、事前の根回しがきちんと行われていれば避けられる事態ですが、焦って進めると土壇場でひっくり返ることはあり得ます。それぐらい、POの発行というのは重要なことなのです。

　個人のスタートアップの方も、PO発行前にもう一度気持ちを整理して冷静に企画を見つめておきましょう。みなさんは、企画担当者であり、営業部長であり、製作部長、果ては社長でもあります。ひとりで何役もこなさなければならない立場です。いろいろな方向から慎重の上にも慎重を期して企画を見直すことは非常に重要です。

　行けそうならスタートしましょう。少しでも心配ごとがあれば、本書をもう一度読み返してみてください。何か忘れ物があるやもしれません。

　PO直前によくある忘れ物（検討事項）についてお話しします。

　ー 志は高いですか？

　　利益はもちろん大事です。でも「新しい文化を作る」「社会に残るもの

Purchase Order DESIGN HOUSE OMINO

To:	
ATTN To:	
CO. Name:	
Tel:	
Fax:	
E-mail:	

From:	
Name:	YOSHIKI OMINO
Tel:	
Fax.:	
Ref no.:	010503
E-mail:	
Date:	2019/5/3

Order Details:

Item Code	*Details*	*Unit Price* (USD)	*Quantity*	Amount (USD)
19DS8027	TOOLING FOR TWIN DRILL JET MOLE			
19DS8027 PCBM	PCB MODEL FOR TWIN DRILL JET MOLE			

Sub Total:	
Discount:	-
Deposit:	-
Total:	

Remarks:

Declaration:

I am sure all the information provided is true and correct.

Signature: YOSHIKI OMINO

Date: 5/3/2019

Approval By: YOSHIKI OMINO

Date: 5/3/2019

図4-3 PO（発注書）。発行すると法律上の義務と責任が生じる。真の意味での量産が始まる

を作る」といった高い志も欲しいところです。志は、OEM会社にも、中国工場の社長さんやワーカーさんにも伝わります。共感を得られれば、関係するみなさんは必ず応援してくれます。

― 関係者の同意は得られていますか？

　関係者の中には、口の悪い、いつも否定的な発言をする人もいるかと思います。そういった人たちへもきちんと説明していますでしょうか？ 面倒だからといって後回しにしていませんか？ 大きなお金が動きます。最後の否定的発言が的を射ている可能性もあります。

　家庭をお持ちの方なら、ご家族の同意は得ていますでしょうか？ 家族を路頭に迷わすような計画は必ず破綻を招きます。勇気と無謀は違います。賛同は得られなくとも、最低限、同意は得ておきましょう。

― お客さんは見えていますか？

　マーケットに出す以上、「きっと誰か買ってくれるだろう」ではダメです。マーケット調査の手ごたえはどうでしたか？ 厳しい結果が出たのなら、もう一度最初から企画を練り直す勇気も必要です。

― 全体の流れが見えていますか？

　発注から生産、納品、販売まで、おぼろげでもよいです。目につくところにスケジュール表を貼りだすのもいいでしょう。いつまでに何をやらなければならないのか、常に意識しましょう。

― 資金は大丈夫ですか？

　お金は現実です。途中でショートしてしまってはすべてが崩れます。危機も想定しつつ、怠りなく準備しておきましょう。

― 弱点や苦手なところをおざなりにしてませんか？

　たとえば、電子回路が苦手な人はメカ開発ばかり進めて、最後にまともに動かない商品を作ってしまいがちです。電気まわりの検討が甘いからです。PO発行前ならまだ間に合います。得意な人の助けを求めましょう。

必要書類について知る

　OEM会社と接触が始まった頃からさまざまな書類が必要になります。海外生産で必要な書類と、そのおさえどころをお話しします。
　見積、生産、支払い等々、さまざまな場面で必要に応じて、このページをご参照ください。詳細な記述については巻末付録を参考にしてください。

─ 個人事業主開業届書

　これは「フリー」になって事業を開始するときに税務署に届けます（企業内で進める方には不要です）。用紙や書き方は税務署で教えてくれます。さまざまな節税のメリットがありますので、遅くとも、海外取引が始まる前に届けましょう。

─ サイン

　海外取引での確認や承認、検収等の書類は「サイン」によって有効になります。日本流の印鑑はあまり使いません。よい機会ですから、あらかじめ練習しておきましょう。読みやすい必要はありません。毎回同じように書けることが大切です。

　筆者は「yoshiki.omino」とフルネームで書いていますが、こっそり1文字を抜いています。真似されにくくする仕掛けです。幸い一度も偽造されていません。パスポートのサインも同じです。

　打ち合わせ時のポンチ絵や図面、回路図、議事録、ホワイトボード上の確認事項欄にもサインすることを心がけてください。その際、日付を忘れずに。日付は「20yy.mm.dd」のような感じでサインと並べましょう（yは年、mは月、dは日）。同じ日に何枚も書類が発生した場合、「20yy.mm.dd-2」のように見分けがつくようにしましょう。

─ 書類送付

　最近、ほとんどの書類はメールで送れるようになりました。便利なものです。具体的には、サインを終えた原紙（見積書、請求書、INVOICE等）をスキャンしてPDFにして添付します。
　今後、ネットの発展に伴い、もっと便利になるかもしれません。書類送付は相手国の実情に合った方法で進めてください。

– INVOICE（送り状）

　見積作業が進むと、中国に向けて、試作サンプル、色見本、シボ*² 見本、日本で調達する部品等々、さまざまなものの発送が必要になります。

　海外輸送業者は、FedEx、DHLが有名ですが、日本発の場合、送料の安いEMS（日本郵便）をお勧めします（時間を争う場合はFedEx、DHLの方が早く着きます）。

　いずれの業者を使っても、海外発送の場合、本体梱包の外側に透明封筒を貼り付けて、中に「INVOICE」を数枚入れる必要があります。入国時の税額決定・確認等に使われます。

　書きこむ内容は、品物の名前（たとえば「Toy parts等」）、価格、送付先（OEM会社または中国工場）と発送元（みなさんのことです）の住所です。この事例の場合の「INVOICE」は日本の「送り状」にあたります。

– INVOICE（請求書）

　逆に、OEM会社や中国工場の仕事（デザインなど）を行った場合、「INVOICE」は「請求書」の意味になります。

　書きこむ内容は、仕事の名前（たとえば「Toy parts design fee」等）、価格（たとえば「100,000JPY」等）、送付先（OEM会社または中国工場）と発送元（みなさん）の住所と振込先口座情報が必要です。

　こちらの振込先口座情報の「SWIFT Code*³」と銀行住所（たぶん本店）は銀行に聞くか、ネットで調べてください。業務完了後、日本円でみなさんの口座に入ります。

　ちょっとややこしいですが、「INVOICE」は言葉は同じでも、日本の「送り状」の意味だったり、「請求書」の意味だったりします。ご注意ください。

– DEBIT NOTE

　簡単に言うと中国側が貸したお金をみなさんに請求する書類です。

　　書きこまれている内容は、商品名（「Toy parts」等）、価格（「1,000

---

*2　シボ：或型品等の表面状態の指示。ツルツルは「磨き」、梨の表面のようにザラザラした状態（梨地状）は「シボ」というが、粗さの指定が難しいので、通常、見本を提出して決める。

*3　SWIFT Code：国際標準化機構によって承認された金融機関識別コードの標準書式である。銀行間の決済、特に国際決済に使用されている。

USD」等）、あと、送付先（みなさん）と発送元（OEM会社）の住所と振込先口座情報等です。

　品物が届いて検査OKだったら、DEBIT NOTEの記載の通り、USドルで振り込みます（巻末付録参照）。

ー「中国流通王」等による輸入に関する書類

　少量生産の場合、「Ex-works」がよいと思います。Ex-worksとは「工場渡し」（工場に来た運送会社に品物を渡した時点で取引が完了する）のことです。工場側から見ると、品物を渡した時点で輸送トラブルの責任はない約束になります。

　送り主から送り先まで一貫した輸送サービスを手がける国際輸送業者のことを「クーリエ」と呼びます。代表的なクーリエにFedEx、DHLなどがあります。

　中国流通王は中国のEx-worksでよく使われるクーリエです。今後変わる可能性はありますが、当面は中国から日本に品物を送ってもらう方法としては比較的安価です。税関その他のサービスは、FedEx、DHLと同様です。

　書類はINVOICE（送り状）と同様となります。

　送料（中国流通王の金額）が確定した後、OEM会社から別便（メール等）でINVOICE（請求書）が送られてきますので、DEBIT NOTE同様にUSドルで振り込みます。

ー国内書類

　読者のみなさんの場合、商品を取り扱ってくれる販売業者は主に国内でしょうから、一般的な書式と約束事で大丈夫だと思います。1点、納入先で個人向け発送を指示される場合がありますので、ご注意ください。その場合、送料アップ分についてご確認ください。

ー国内見積書

おさえどころは、以下の通りです。

見積No　　：例　「yymmdd」
有効期限　：例　見積日より「1ヶ月」
支払い条件：例　別途ご相談
納入場所　：例　別途ご相談

最後に「上記金額には消費税等は含まれません」と記載しましょう。これが大切です。

－国内請求書

納品物と同梱、または納品直後に担当者宛てに別送します。封書表面に「請求書在中」と朱記します。税込合計金額と振込先口座情報を忘れないように！

輸出入に関わる支払いには、為替が大きく関係します。中国と取引する場合は、日本円で支払うか、米ドル（USD）で支払うかのいずれかです。中国の貨幣・人民元（RMB）で支払うことはあまりありません。

円相場と為替

ここで為替の基本、「円高」「円安」についてあらためて、おさらいしておきましょう。誰でも1回は学校で習った海外貿易の初歩ですが、理解が深まるとコストに反映させることもできます。
「円高」とは、米ドル（外国通貨）に対して円の価値が高まることをいいます。
昨日までUSドル（USD）1で100円（JPY）買えたのが、今日はUSドル（USD）1で90円（JPY）しか買えない場合、「円高」になったと言います。
一般に中国への支払いは「USドル」、中国から日本への支払いは「円」となりますが、あくまで先方との約束事なので、変更することも可能です。
USドル10,000の金型代を支払うときに、為替レートが1USドル/90JPYだったとすれば、900,000円の支払いになります。
逆に「円安」で1USドル/110JPYのときに、10,000米ドルの金型代を支払うと、1,100,000円必要になります。
ということは、為替レートをチェックし、円高になったときに支払えば、数十万円のプラスになる可能性があります。「為替で儲ける」とはまさに

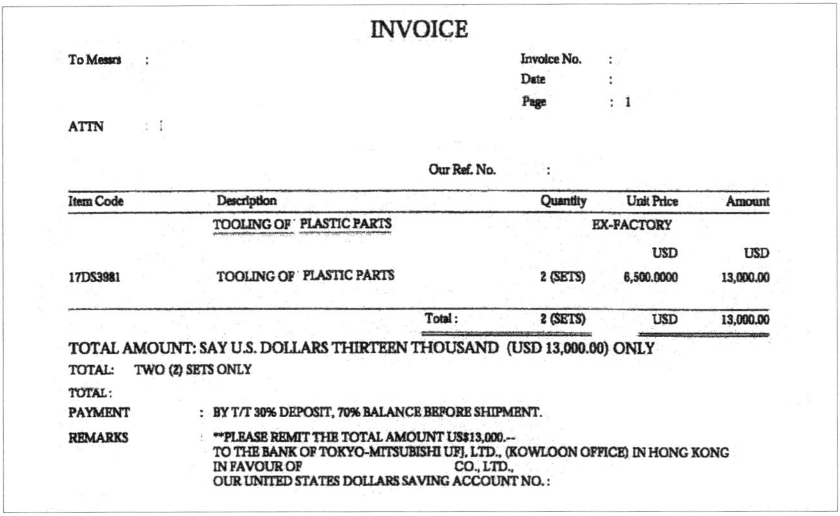

INVOICE

To Messrs :

Invoice No. :
Date :
Page : 1

ATTN :

Our Ref. No. :

Item Code	Description	Quantity	Unit Price	Amount
	TOOLING OF PLASTIC PARTS		EX-FACTORY	
			USD	USD
17DS3981	TOOLING OF PLASTIC PARTS	2 (SETS)	6,500.0000	13,000.00
	Total :	2 (SETS)	USD	13,000.00

TOTAL AMOUNT: SAY U.S. DOLLARS THIRTEEN THOUSAND (USD 13,000.00) ONLY

TOTAL: TWO (2) SETS ONLY

TOTAL:

PAYMENT : BY T/T 30% DEPOSIT, 70% BALANCE BEFORE SHIPMENT.

REMARKS : **PLEASE REMIT THE TOTAL AMOUNT US$13,000.--
TO THE BANK OF TOKYO-MITSUBISHI UFJ, LTD., (KOWLOON OFFICE) IN HONG KONG
IN FAVOUR OF CO., LTD.,
OUR UNITED STATES DOLLARS SAVING ACCOUNT NO.:

図4-4 OEM会社からのインボイス。こちらがPOを発行すると、それに応じて送られてくる

このことで、プラス分を為替差益といいます。逆に、円安になったときは、数十万円のマイナスになる可能性があり、マイナス分を為替差損といいます。

上記の書類は、金型のPO（発注）発行後に、中国から返信されたINVOICE（この場合は「請求書」のことだと思ってください）です。

> “TOOLING OF PLASTIC PARTS 1SETS US$13,000.00
> PAYMENT:BY T/T 30% DEPOSIT, 70% BALANCE BEFORE SHIPMENT.”

この意味は「樹脂金型1台 USドル13,000 インボイスが届いたらすぐに前払い30％、出荷時に70％入金してください」ということです（T/T：Telegraphic Transfer。「電信送金」のこと）。

上記で説明した通り、支払い時の為替レートがなるべく円高のときに支払いたいですよね！ しかし、金型仕上がりのタイミングと円高がうまく合致するとはかぎりません。海外取引には必ず起こる課題ですが、これを少しでも平均化する方法に「為替予約」があります。

支払日までの間に、為替レートをチェックして、円高になったと判断したときに為替を予約します。すると、支払い当日にその予約金額で支払うことができます。

支払日までにもっと円高になったらちょっと残念な気分ですが、円安になっていたとしたら、しめしめですね！

頑張って製品にかかるコストをダウンしているそばで、為替差益によって、労せずしてコストダウンできちゃうこともままあります。覚えておいてください。

海外送金について

ここで、海外送金の具体的な手順をご説明します。

PO発注の時期になりました。先方（OEM会社）からは、INVOICEが届いていると思います。まずは金型代を送金します。その数ヶ月後の量産直前に、製品代を送金することになります。

先方の海外の指定口座への送金です。手続きは日本の銀行で行います。通常、USドルですが、日本の口座からは日本円が引き落とされます。慣れれば難しくはありませんが、最初はとまどうことも多いと思うので、ご紹介しておきます。

昨今は、現金での送金手続きは難しくなっているようです。また、相手国の事情によって送金の難易度が異なるようです。平均的な手続きとお考えください。

まずはこちらの口座の原資の確認が必要になります。

個人の方は、現在のお仕事の売上等が定期的に入金されている口座から送金処理されるようです。あまり使われていない口座では拒否される可能性があります。口座を多数お持ちの方は、どれかひとつを事業用口座として入金が集中するよう、整理をしておくことをお勧めします。実際の海外送金日の数ヶ月前から準備しておきましょう。

銀行に行って、「海外送金したいです！」と言えば、たいてい別カウンターに案内されます。要求される情報や必要物は以下の通りです、意外にたくさんあります。

［送金に必要なもの］
- ご自身の銀行口座情報
- 最近（数ヶ月）の通帳のコピー（原資確認）
- 口座届出印鑑
- マイナンバーカード（または通知書カード）
- 身分証明書（運転免許証など）
- 先方（受取人）の請求書（INVOICE）
- 受取人の取引銀行情報（ここから先はINVOICEに書いてあります）
- SWIFT BICアドレス（わからない場合はOEM会社に聞いてください。ネットで調べることもできます）
- 送金先銀行名、支店名、都市名・州名、国名
- 経由銀行（指定がある場合）
- 受取人情報
- 口座番号
- IBAN[*4]
- 受取人英文名、英文住所、都市名、州名、国名
- 電話番号
- 受取人宛て連絡事項

「送金の種類」を聞かれた場合、INVOICEの通りに答えてください。通常「電信送金」（T/T）です。送金手数料は、依頼銀行が4,000円、中継銀行が2,500円といったところだと思います。為替は手続き当日のレートになります。夕方手続きの場合は、翌日レートでの処理のようです。ご注意ください。

　手続き終了後は、念のためOEM会社に一報入れておきましょう。

[*4] IBAN：国際銀行勘定番号。International Bank Account Numberの略。受取人が口座を保有する銀行の所在国、支店、口座番号を特定する最大34桁の番号。

5章

量産化 —その1. 金型—

「作品」から「商品」へと姿を変えるクライマックスが、量産フェーズです。
舞台は工場へと移ります。
ものにもよりますが、主役は金型と電子部品です。
知識とノウハウの集積がそこにはあります。
まずは、金型についてしっかり学びましょう。

金型入門 I —初級編—

　ここからは、量産化のポイントとなる「金型」のお話をしましょう。ここでいう金型とは、プラスチックの射出成型で使われる金属（特殊鋼）の型を指します。どういう過程を経て作られていくか、具体的に説明します。

　コップを例に話を進めますので、手元にプラスチック製のコップをいろいろ持ってきてください。たぶん、以下3種類のうちのどれか、またはすべてがそろったと思います。

　コップを射出成型機で作る場合の作業を図で追いながら、金型制作に必要な専門用語を理解していきましょう。

図5-1　①取っ手がないコップ　②取っ手があって重ねられるコップ（単純割型）　③取っ手があるコップ（スライド型）

基本、金型には、凹み型と凸型の2種類があります。凹み型を「キャビティー（略称キャビ）」、凸型を「コア」と呼びます。溶けた樹脂がゲート（樹脂が空洞へと流入する口）からキャビ型とコア型の隙間に充填されます。樹脂が固まったら、金型を開き、コア側にくっついたコップが見えてきます。突き出しピン（エジェクタピン）を押すと、コップがコア型から離れて、コロッと落ちます[図5-2]。

　この「コロッ」と落ちるのは、突き出しピンの作用もありますが、金型に「抜きテーパー*1」を付けているからです。コップの上が広く下が狭いのは、デザイン性からという理由もありそうですが、実は離型を良くするためです。底に比べて上が狭い設計をすると、型から抜けなくなりますね。

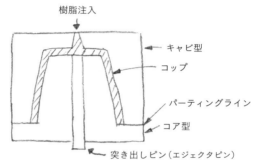

図5-2　もっとも単純な型

　さて、[図5-2]の金型で作ったコップには課題があります。「カタカタとすわりが悪い」「口があたる部分が角張ってバリもある。ケガしそうで怖い」といったものです[図5-3]。

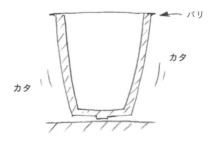

図5-3　口元のバリ。テーブルなどの上で不安定な例

---

*1　抜きテーパー：金型から成型品の抜け（離型）をよくするためにつけるテーパー（縦に長い構造物の径や幅等が先細りになる形状）。一般に2度以上付けると具合がよい。

すわりが悪いのは、ゲートの凸の部分が残っているためです。口元のバリは、コア型とキャビ型の合わせ目（パーティングライン）に隙間ができて樹脂がしみ出てできたものです。原因としては、「パーティングラインの仕上げが悪い」「何らかの異物をはさみこんでしまった」「コア型とキャビ型の型合わせのときの圧力が弱い」等が考えられます。
　さて、[図5-2]から金型を修正しました。
　口元の課題はパーティングラインをずらして、丸くすることで解決しました[図5-4]。ゲートにある凸の部分はコップの底を凹にし、脚も付けて、ゲート処理をしやすくしました。コップの足を3つにすると凸凹のテーブルでも安定します[図5-5]。

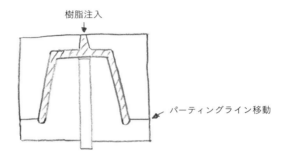

図5-4　口元に「R」をつけて、パーティングラインを先端から下げる

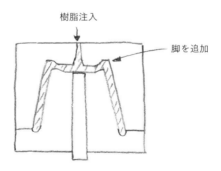

図5-5　脚を追加。3本足にすると凹凸面でも安定する

　お手元のコップを見ていただければわかるように、これらの課題は解決されていますね！

まずは、この程度の理解で、成型金型のエンジニアと簡単な話ができるようになります。

金型入門 II －工法－

ひとつの商品を仕上げるには、多岐にわたった加工部品と素材が必要です。

量産を考えた場合、決められた数量を短時間のうちに同じ品質で加工することが必要です。そこで欠かせないのは金型。金型は量産のキー部品で、金型を作ることは量産することと同じといっても過言ではありません。

金型の特性と大まかな費用について解説します。

生産数が多ければ単価あたりの金型代が下がるので気になりませんが、少量生産では原価の多くを占めることになります。金型を知り、適切な金型代を意識することは少量生産には不可欠です。

まずは、金型にはどんなものがあるか、どのように使われているかを理解する必要があります。

金型は、プラスチックやゴムなどの樹脂成型品はもちろんですが、鉄やアルミなどの金属加工、パッケージや取扱説明書などの紙やプラバンの加工品、場合によってプリント基板にも必要な場合があります。

まずは、金型で素材を加工する場合、どんな工法があるか見ていきましょう。

● 射出成型

最も身近で、複雑な形状も容易にでき、とても便利な成型法です。歴史は意外に浅く、戦後になってやっと実用化できた工法です。

通常「金型」といえば、樹脂成型のための金型を指す場合が多いです。特にバケツやコップなど、成型しっぱなしでそのまま商品となっているケースも少なくありません。

大豆状の樹脂（ABSなど）を加熱、液状化して金型に注入します。冷えたところで取り出して完成です。「肉厚一定」のセオリーを守れば、設計は比較的容易です。素材はいろいろ選べるので、用途に合わせた最適かつローコストの製品が実現できます。

費用面では、金型は100万円から。製品代は1ショット（射出成型機を1回開閉させて同じ金型上の成型部品を取り出す作業）100円からと見れば、だいたい当たっていると思います。
　工場の生産設備としては樹脂成型機が必要です。一般的には左右に機械を開閉する横型射出成型機です。

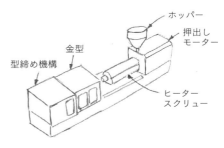

図5-6　射出成型機の構造。溶かした樹脂を金型に送り込む

● ブロー成型

　プラスチックのカラーボールや人形、ペットボトル等で使われる工法です。
　ホース状や、試験管状の樹脂を型に入れて加熱。風船状にやわらかくなった樹脂の内側から空気圧をかけて金型の内壁に密着成型させます。冷えたところで取り出して、お人形さんなら目や口を彩色して完成となります。
　射出成型ではできない継ぎ目なしの一体構造が大きな特長です。この特長から、乳幼児向けのトイで使われることが多いです。赤ちゃんがしゃぶってもケガをしにくい作りができます。

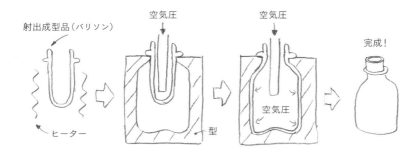

図5-7　ブロー成型。ヒーターで温めた射出成型品（パリソン）を型に入れ、空気圧で成型する

費用面では、金型は外側だけでよいので数十万円からと比較的安価です。製品代は1工程100円からですが、カット等の後工程が必要な場合もままあります。
　ペットボトルの場合、大量生産になるので成型設備が大がかりになります。ただ、生産数の桁が1桁上になるので、1工程数十円程度です。

● ブリスター成型

　お菓子の箱詰めの小分けの仕切り、薬の錠剤を10〜12個の半球形の凹みに入れるシート包材等で使われる工法です。中身がよく見えるので小物や雑貨の包装にも使われます。
　熱したプラスチックシートを金型に沿わせ、負圧をかけて（掃除機で吸うイメージですね）金型に密着させ、成型します。通常、冷えたところで次の工程に移っていきます。
　費用面では、片側だけの金型なので、かなり安くできますし、大がかりな設備も必要ありません。アルミで型を作るケースが多いですが、樹脂や木でもできます。

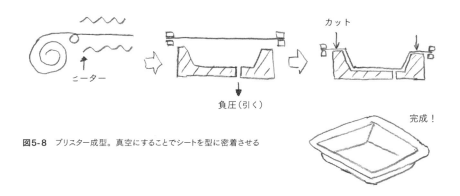

図5-8　ブリスター成型。真空にすることでシートを型に密着させる

● トムソン型

　紙や薄いプラスチックの板を抜く方法で、昔の子ども向け雑誌の付録やお着替えセット等で使われていました。現在では、複雑な菓子箱や封筒の外形抜き等で使われています。

　厚さにもよりますが、MDF*²の打ち抜きにも使われます。

　金型は5万円くらいからと費用面ではかなり安上がり。「金型」とは呼びますが、多くはベニヤに刃をさしこんだだけの作りになります。実際の生産工程では、プレスの機械も必要となります。

　ごく少量での生産ならレーザーカッターで代用が利く工法でもあります。

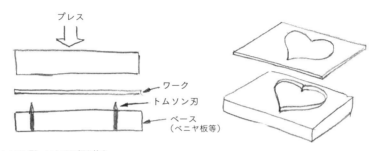

図5-9　トムソン型。いわゆる打ち抜き

● ゴム型

　Oリング*³、ゴム足、リモコンのキートップ等で使われる工法です。

　型材は一般にアルミで、費用面では、片面平面なら10数万円からできます。混合ゴムシートを金型ではさんで、ヒートプレス（熱を加えながら圧力をかける）しながら加硫*⁴成型させます。生産には、ヒートプレス機械が必要となります。

　キートップは高度な技術がいるので、専門工場に依頼する必要があります。

---

*2　MDF：Medium Density Fiberboardの略。「中密度繊維板」のこと。木材などの植物繊維を原料として接着剤などの合成樹脂を加え、板状にヒートプレスして作る。

*3　Oリング：一般にオイル等のシール用に使われる精密なゴム部品。輪ゴム状で、用途によって材質が変わり、シリコンやフッ素などが使われる。

*4　加硫：ゴム系の材料を成型するときに硫黄などを加える工程のこと。

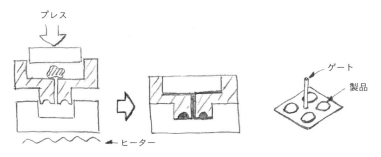

図5-10　ゴム型。加熱しながら「加硫」する

● **メタル部品の型**

　機構部品で使われる金型で、圧倒的に多いのは電池接点です。プラス接点、マイナス接点、プラマイ（プラスマイナス）接点、マイナスプラス接点の4種です。これで電池接点としてはほぼカバーできます。

　その他、金属板を加工する絞り型、カール型、抜き型、ピアス型などに分かれます[図5-11]。

　平板の抜き、ピアスなど、直線と丸の組み合わせでできる場合は、汎用型（タレパン）が使える場合があるので、少量生産なら専用型を作る必要がありません。

　台所用品のボウルのようなものを作る場合、絞り、カール、抜き型が必要になります。

　費用面では少々割高。小さな型でも50万円はかかってしまいます。量産では自動プレス機を使いますが、少量ならブレーキプレス[*5]で十分です。

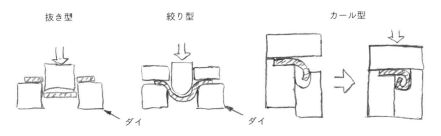

図5-11　金属板の抜き型、絞り型、カール型

---

*5　ブレーキプレス：ストロークや荷重等を自由にコントロールできるプレス機のこと。少量生産や試作用に使われることが多い。一般のプレス機械は大量生産用で、同じストロークを正しく高速で動作するように作られている。

● **スプリング状に加工**

　メタル部品の型と同じく、電池接点を作るときに使われる加工です。プラス、マイナス、プラマイ（プラスマイナス）、マイナスプラスの各種接点とも針金加工でできます。この場合、金型というより、治具といった感じのものが必要になります。

　費用面では、少額の請求が来る程度です。金型代と明記されずに治工具代となっているケースも多いです。

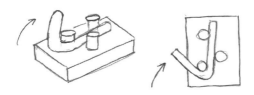

図5-12　スプリングを作るときの加工方法

● **シャフトの加工**

　車軸等シャフトの加工はカットや面取り、部分絞りが多いです。この場合、特に金型を起こす必要もないので、スプリング状の加工と同じく、治工具代の請求程度で済みます。

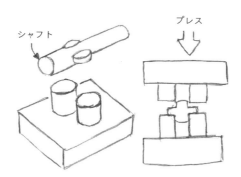

図5-13　シャフトの加工

● プリント基板上の部品の加工

　プリント基板にのる部品はすべて購入部品なので、通常金型代は発生しません。ただ回路構成等でシールドケースのような金属の薄箱が必要となる場合もあります。このときは外形抜き型と箱曲げ型が必要になります。これには、「メタル部品の型」(91ページ)の項で紹介した加工法を使います。材料は亜鉛処理鋼板が一般的でしょう。

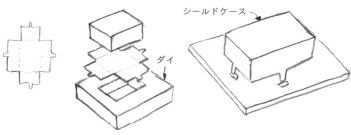

図5-14　シールドケースの加工

● プリント基板の抜き加工、ピアス型加工

　一番安い基板は片面ベーク[*6]で、外形抜き型＋ピアス型が必要です。身近なところでは、テレビやエアコンの基板がこの最安値に挑戦しています。費用面では、金型代は外形抜き型＋ピアス型で、10数万円といったところでしょう。両面スルー[*7]以上の高級基板はエンドミル加工[*8]なので、通常金型は必要ありません。

---

*6　片面ベーク：プリント基板は、基材＋銅箔パターン＋レジスト印刷＋シルク印刷で構成される。ベークを基材とし、銅箔が片面だけとなるプリント基板のことを「片面ベーク」と呼ぶ。

*7　両面スルー：通常、「ガラスエポキシ」という材料で作った両面基板に施す加工。2枚の銅箔を電気的に導通させるために穴を開け、その内面に金メッキを施す。

*8　エンドミル加工：エンドミルは切削加工に使う工具。プリント基板に使う用語としては、外形の加工方法を指す。生産数が少ない場合によく使われる。

金型入門III −樹脂成型−

　他の金型や加工に比べて、樹脂成型の金型は特別に高額ですし、技術的にもとても奥が深いものです。また、多くの手痛い失敗もこのときに経験することになると思います。

　ここでは、樹脂成型の手順や金型の働きについて紹介します。金型職人と渡り合う必要はありませんが、せめて「こいつやるな！」と思われる程度の知識を得ていただければと思います。実際にOEM会社と取引が始まりそうになったら、ぜひ再読してください。

● 熱可塑性樹脂の特徴

　高温でやわらかくなり、冷やすと固まる樹脂のことを「熱可塑性樹脂」といいます。熱可塑性樹脂は精密な形状を実現しやすく、ショット（金型に樹脂が注入され、成型して取り出されるまでの作業）時間が短いので、安く大量生産できるという特長を備えています。また、樹脂の種類も多いので、用途に適合したものが選択できます。もはや、常温環境（100℃以下）での製品は、熱可塑性樹脂なしでは考えられなくなっています。廃棄する場合、粉砕して再利用できるので、環境に優しい素材ともいえます。

　一般的な造形物では、成型性のよいABSを多用しますが、強度の高いPET（ポリエチレンテレフタレート）、強度と割れにくさではPOM（ポリアセタール。ナイロン系の樹脂）やPC（ポリカーボネイト）、透明度を求めるならアクリル……等々、さまざまな使い分けができます。アクリル、ポリカーボネイト、塩ビ等はUV（紫外線）に強いので、屋根や樋、オートバイや自動車の外装部品など屋外で使う製品にも使われます。

　ここでは、熱可塑性樹脂の中でも一般的な素材、ABSで作ったガジェットのボディを想定して話を進めます。

　熱可塑性樹脂は、液化した状態でゲート（樹脂の供給口）から金型内に注入され、常温で固まると約5/1000（0.5%）程度収縮します。その分を見こんで、金型は目標寸法の1.005倍の大きさで作ります。現代ではNC機械（NCはNumber Controlの略。「数値制御」のこと）で彫るので、拡大・縮小は容易ですが、昔は職人さんの腕次第でした。

● **キャビ、コア、ダイレクトゲート**

　成型機には、縦型と横型があります。ABSなどの一般的な樹脂成型の場合、ほとんどが横型（成型機が横に開くタイプ）です[図5-15]。

　ただ、レンズ等の特殊な造形物には縦型が多く使われます。成型原理はどれも同じで、溶かした樹脂をスクリューで送って、金型に注入。冷めたところで金型を開いて成型品を取り出します[図5-16]。

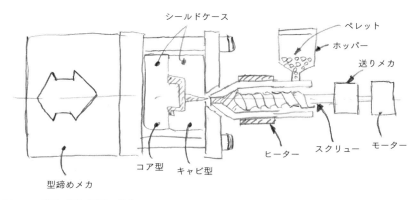

図5-15　横型の樹脂成型機の構造

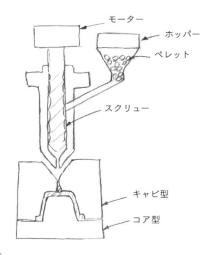

図5-16　縦型の樹脂成型機の構造

金型にはキャビ（凹み型）とコア（凸型）という2つの型があります。ポリバケツやゴミ箱、スーパーのトレイ等の成型は、コア型・キャビ型・ダイレクトゲート（ランナーを使わないで成型機ノズルから直接注入する方法）の構成で、最も単純な割型[*9]になります。俗に「一個取り」（ひとつの型でひとつの製品を取り出す）といいます［図5-17］。

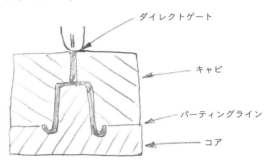

図5-17　一個取りの金型

● ゲートとランナー

　ポリバケツやゴミ箱と異なり、ガジェットの生産の場合、プラモデルのようにさまざまな部品を平らに並べた金型になります［図5-18］。

　注入された樹脂はランナー（樹脂の通り道）を通過しつつ、各部品のゲートから部品型に入り、冷却されて固まります。ランナーは台形断面が簡単で、サイドゲートと一緒に彫れる最も単純な金型です［図5-19］。

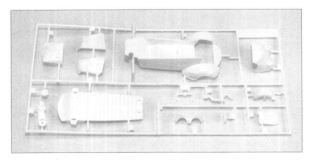

図5-18　プラスチックの部品がランナーでつながっている

＊9　割型：成型品を製造するための金型で、型から取り出しやすくするために、2分割以上となる型のことをいう。
　　単に「割型」というと、キャビ、コアの2つの型の構成を指す。

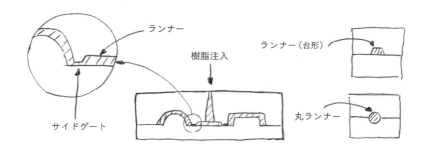

図5-19　サイドゲートとランナー

　少し高級な金型になると、樹脂流れのよい丸断面のランナーを使います。この場合、キャビ、コアそれぞれにランナー溝を掘ります。(プラモデルでは、このようなランナーを見ることができます)。ランナーは、部品(成型部品)が取れれば不要なので、粉砕し、ペレット[*10]と混ぜて再利用されます。

　ゲートは樹脂の供給口ですので、どんなプラスチック製品にもあります。注入のしかたによってサイドゲート、サブマリンゲート、ピンゲートなどの種類があります。目立ちにくいのは、ピンゲートやサブマリンゲート[図5-20]ですが、サイドゲートが一般的です。

　ゲートの形状によって、プラスチック部品の樹脂注入口の仕上がりが変わります。サイドゲートでは、部品を取り出す際、カット作業が必要になります。

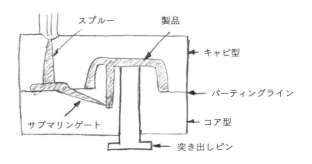

図5-20　サブマリンゲート

[*10]　ペレット：米粒〜大豆程度の大きさの樹脂の粒子。10〜20kgの袋入りで入荷される。顆粒にするのは安定した液状化をもたらすため。

●突き出しピン

　コア側にへばりついた成型品を型離れさせるために使われます。コアとキャビが少し開いたタイミングで、突き出しが始まります[図5-21]。

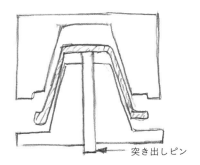

図5-21　突き出しピン

●アンダーカット

　アンダーカットは、型が開いても成型品が取り出せないような形状をいいます[図5-22]。大きく分けて、スライドコア（外側）と傾斜コア（内側）があります。

　アンダーカット対応は、金型代が約2倍になるうえ、型寿命も短くなるので、あまりお勧めしません。多数個取りにも向いていませんし、金型の面積が大きくなる課題があります[図5-22]。

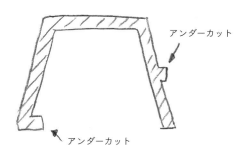

図5-22　アンダーカット

● **スライドコア（外側）、アンギュラピン**

普通、成型品の外側に装備されます。最も簡単なスライドに「ピンスライド」があります[図5-23]。

スライドメカはアンギュラピンに沿って動くので、その動きは型の開閉と同期します。型が開くとスライドメカも開き、成型品が取り出せます。型が閉じると、スライドメカも閉じ、結果として注入形状は「アンダーカット」になります。スライド量（ストローク）が大きいほど、型の規模が大きくなり、高額になります。

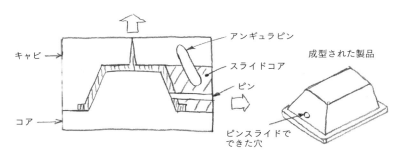

図5-23 キャビが上昇すると、アンギュラピンにそってスライドコアが右へ移動する。ピンが抜けたところで、製品が取り出せる

● **アンギュラスライド、傾斜コア（内側）**

製品の内側のアンダーカットです。狭いスペースに傾斜コアを組み付けるのでやっかいな工作になります。また、成型品の内側にスライド跡が残るという課題があります。電池ボックスの内面に四角い筋が残っていれば、それが「傾斜コア」のスライド跡です。

傾斜メカは、スライドメカ同様に、アンギュラピンに沿って動きます[図5-24]。

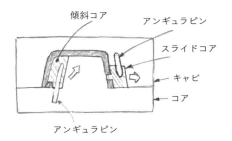

図5-24 キャビが上がるとスライドコアは外側に動くが、傾斜コアは右上に向かう

● **無理抜き**

ごくわずかの「アンダーカット」の場合、やわらかい樹脂なら、コア側からむしり取る方法もあります。これを「無理抜き」といいます。作業員がつきっぱなしになるので、結果として値段的に高くつくこともあります[図5-25]。

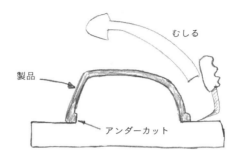

図5-25　無理抜き。人の手でむしるので、手間がかかる

● **入れ子、ガス抜き、樹脂のショート**

コア型で凸部を残すためには、周辺すべてを削り出す必要があります。削り量が多い場合、凸部だけ別に作って、コア型に組み付ける場合があります。この工法を「入れ子」といいます[図5-26]。

入れ子は差し替え可能なので、銘板や生産ロットの標記に使うこともあります。また、樹脂注入時のガス抜きとしても重宝します。樹脂注入時、型内のエアに行き場がなくなると、樹脂がショート（型の行き止まりの部分まで樹脂が入っていかないこと）することもあります。この現象は入れ子に沿って「ガス抜き溝」があれば解決します。

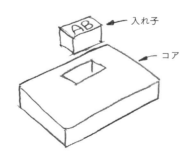

図5-26　入れ子

● 型修正、嵌合(かんごう)、T1、T2、TE

　金型の最初のショットをT1（トライワン）と呼びます。嵌合関係は甘めに仕上げてあり、追い込み量（寸法）を測定して金型修正を行います。修正上がりのショットをT2（トライツー）と呼びます。ほとんどの嵌合はこのタイミングでOKとなるはずですが、あとひとつ追い込む場合は、金型にケガキで筋を彫り、その本数で加減します。やり過ぎると型埋め作業になるので、慎重に行います。金型修正は「彫り」で調整していきます。基本的に「埋め」は行いません。場合によって、「あとひとつ追い込む」のは「やらない」、という決断も大事です。嵌合修正が済んだら、磨きやシボ、刻印を済ませ、TE（トライエンド）の最終工程に入ります。

● 熱硬化性樹脂について

　ここまで、熱可塑性樹脂の金型について説明しましたが、硬化剤と高温で固まる「熱硬化性樹脂」の特性も知識として覚えておきましょう。

　熱硬化性樹脂のメラミン、フェノール、ポリエステル、エポキシ樹脂等は、絶縁性、耐熱性が高いので、食器やさまざまな電気製品の部品等にも使われています。また、ガラスやカーボンクロスを含浸(がんしん)*11させて、高強度、高耐熱の素材が作れるので、大型の構造物にも使われます。軽くて高強度の特性から、高級自転車、ゴルフシャフト、レーシングカーの主要部品にもよく使われます。

　最近は、製品としての安定性が確保されたことから、航空機の主要部材としても使われ始めています。高耐熱性の反面、リサイクルが難しいという課題があります。

＊11　含浸：樹脂が浸み込むこと。カーボンやFRP製品は、ガラスクロスやカーボンクロス（見た目は繊維）に、ポリエステルやエポキシ樹脂（見た目は糊）を含浸させて、硬化させる。

COLUMN

便利なものづくり業界の専門用語

　ものの形や仕組みを伝えるには、図面や絵があると便利ですが、専門用語には、形状や加工法を端的に示す便利な言葉があります。ものづくり業界では、共通語として便利に使われています。

　たとえば、出張先の顧客対応で、四角い箱を特急で作ることになりました。山奥なので、あいにく電話しか使えません。

　そんなとき、こんな感じで板金屋さんに電話します。

「1mmの真鍮板（しんちゅう）を『やっこさん』に抜いて『箱曲げ』してください。外寸で100mm角、高さ30mmです。バリは『糸面取り』でお願いします」

　これで、板金屋さんには間違いなく伝わると思います。

　もしかしたらこんな質問が来るかもしれません。

「合わせ目から水漏れしますが、大丈夫ですか？」

　この場合は、

「保守部品を入れるだけですので大丈夫です。合わせ目は『突き当て』の『まま』でお願いします」

と、回答しました。これで発注できました。

「やっこさん」は、凧上げの「やっこ凧」のように箱を展開した形状を表しています。「箱曲げ」は、多面を1度曲げる曲げ型と方法です。「やっこさん」と「箱曲げ」は対のような用語ですので、曲げ工程も自動的に伝わります。また板金で1ヶ所ずつ曲げる場合は「ヤゲン[*12]」を使います。

「糸面」は、「糸のように最小の幅で『C面取り[*13]』をしてください」という意味です。「面取り」は料理でも、同じ意味で使うようですね。水漏れOKですので、合わせ目は溶接不要で、突き当て（合わせ目に特に加工をすることなく、当てたままにすること）のままでOKとなります。

　他にも、形状を表す用語は、メサ（高台）、ニップル（乳首）、ソデ（袖口）、ギボシ（神社等の手すり）等がよく使われます。

　設置現場の状況や装置内の温度、湿度、圧力等の総称を「雰囲気」といいます。

「設置現場から問い合わせがきてます！」とスタッフの声が上がると、上司は「まず、現場の『雰囲気』を調べろ！」といって現場にスタッフを走らせます。ここでいう「雰囲気」とは、機械や装置の納入環境のことです。「『雰囲気』を調べろ！」というのは、現場の温度、湿度、土台、エアー、電源、

水量、振動などが納入仕様書通りになっているかどうかを確認することを意味します。

　無駄の少ない材料取りは「短尺」が有名です。プレス、板金屋さんは、材料を「定尺」のまま保管せず、使い勝手のよい「短尺」にしておきます。七夕で願い事を書く紙も「短冊」ですね。[図5-28]。

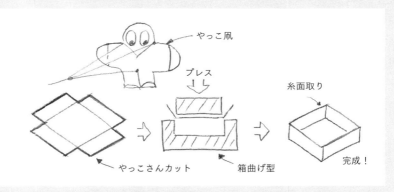

図5-27　「やっこさん」「箱曲げ」「糸面取り」の意味

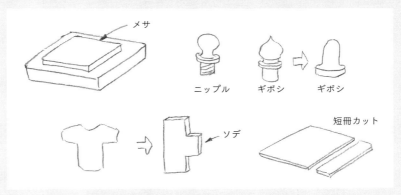

図5-28　便利なものづくりの業界用語

＊12　ヤゲン：板金で使う、金属板等を直角に曲げる型。蹴っ飛ばしという盤に取り付けて使うことが多い。

＊13　C面取り：面取り加工は、角部を角面や丸面などの形状にすることで、ケガなどを防止する目的で行う。「C面取り」といった場合、45度の角取りを意味する。たとえば「C5面取り」といえば、「5mm×5mmの45度の角取り」を指す。

6章

量産化 ーその2. 電子部品ー

電気で動くガジェットの場合、
電子部品は金型と並ぶ、量産の肝です。
基礎から学んでいけば、
知っておくべき最低限の基礎知識は得られます。
しっかり学んでいきましょう。

量産設計 ー電子回路図、機構ポンチ絵の描き方ー

　量産設計時の電子部品に関わる基本的な図面は、製品内容にもよりますが、回路図、プリント基板アートワーク図等になります。また、電子部品を含んだ全体の機構については、随時ポンチ絵（簡単なイラスト）などを使います。

　それぞれ伝えたいことをわかりやすく記述する必要があります。頭の中で図面化していくわけですが、それぞれの図面にはルールがあり、勘どころ、おさえどころ、セオリーがあります。

　これら技術上の図面は世界共通ですので、外国語ができなくても図面だけでほぼ意図を伝えることは可能です。一度マスターすれば極めて便利なものです。

　また、機械図面、建築図面あるいはコンピューターにおけるフローチャートやプログラムも同様に共通言語といえます。そういえば、音楽の楽譜も同じですね。

●「手をかざすと逃げるマウス」

　仮の製品として、センサーとモーターを使った「手をかざすと逃げるマウス」をイメージしてください[図6-1]。構成部品は、センサー、MCU(Micro Control Unit：マイクロコントロールユニット)、FET(Filed Effect Transistor：電界効果トランジスター)、モーター等となります。

　手をかざすとマウスのセンサーは明暗を検知します。暗さを検知したセンサーの信号をMCUで受けて、あらかじめプログラムされた通りに出力信号を出します。MCUはドライブ能力が弱く、モーターを直接動かせないので、FETで電流を増幅してモーターを回します。

　一連の動作は次のようになります。

　　センサー信号→MCU信号→FETドライブ→モーター回転→前進

　具体的には、センサー部分を手で覆い、明暗信号を受けたMCUが1秒間、出力ポートを「Hi」にします。すると、FETドライバーは1秒間「ON」になり、モーターが1秒間回ります。歯車を介してマウスのタイヤも1秒間回り、かざした手の下から逃げます。

　暗くて逃げ切れなかった場合は、もう1秒間同じ動作を繰り返して逃げます。手の下から逃げ切れたらモーターは停止状態になり、マウスは止まります。

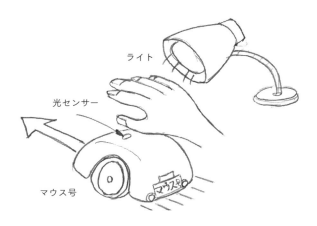

図6-1　手をかざすと逃げるマウス

● 回路図

　動作が見えたので、次に回路図を描きます。

　回路図では、上のラインをプラス、下のラインをマイナス（グランド）にします。これは決めごとで、世界共通です。

　信号は、上のラインと下のラインの中間あたりを、左から右に流れるようにします。電池は電気食いのモーターの右に書きます。電池のそばには電解コンデンサーを配置します[図6-2]。

　信号の流れとしては、

　　センサー→MCU→FET→モーター

となります。

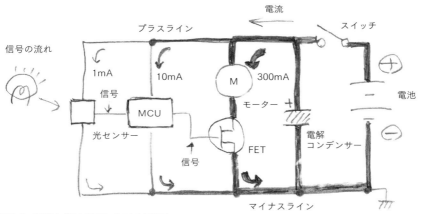

図6-2　「手をかざすと逃げるマウス」の回路図

　回路をブロック別にすると、センサー部、MCU部、FETドライバー部、モーター、電解コンデンサー、スイッチ電池部に分けられ、左から順に配置します。およその電流を図中に示します。回路信号は左から右に、電流は右のブロックほど大きくなります。すなわち、電池寄りのモーターが一番大きく電気を食うことになります。

　モーターのすぐ脇に電解コンデンサーを配置します。コンデンサーは大きな電流が必要なときにためた電気を素早く放出しますので、電池容量が少なくなっても安定した動作が実現できます。

スイッチにはすべての電流が流れるので、電池部近くに設置するのがベストです。この周辺のパターンは最大限広くします。電流の大きさがわかったので、回路図にパターンの太さ変化を入れておきましょう。これで、上のプラスラインと、下のグランドラインがだんだん太くなるイメージが伝わります。

● プリント基板アートワーク図

回路図ができたので、引き続きプリント基板アートワーク図を描きます。

アートワークは引き回し(配線)と部品配置を明らかにするためのものですが、パターン幅にも配慮すると、より高度な設計になります。

回路図の指示通り、電源ラインは右に行くにしたがい太くなるパターンにしましょう。これで安定した電源供給ができ、ノイズにも強くなるでしょう。

信号線の電流は一般に数mA以下で、パターン幅は最小で大丈夫です。回路図上の横線が信号線になります。

FETドライバー部はモーター動力線になるので太線です(ゲートは信号線)。

電池接点やスイッチはパターン上に配置しました。配線が減り、電圧降下も改善されるので、コストダウンと品質向上が期待できます。

部品配置やパターンによって、電源インピーダンスを低く抑えることができます。結果として電源容量が大きくなったようにふるまうことになります。

電池接点からFETやモーターまでのパターンを細く描くと、電源インピーダンスが大きくなるので、悪い設計例となってしまいます[図6-3]。

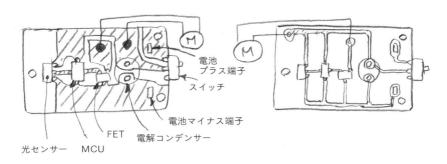

図6-3 プリント基板のアートワーク図の良い設計例(左)と悪い設計例(右)

● 機構ポンチ絵

　部品の構成要素としては、アッパーカバー、シャーシ、電池蓋(ぶた)、ホイール、歯車、ピニオンギヤ、ゴムタイヤ、モーター、動軸シャフト、ネジ類、プリント基板(PCB)、といったところですね。

　部品数が少ないので、全体を「爆発図」でイメージします。爆発図とは、全体を部分の集合として、中心から順にはがす形で示した図です[図6-4]。

　おさえどころは、全体の構成はもちろん、カバー嵌合、電池蓋、タイヤ、プリント基板、モーター等の配置や向きが理解してもらえるかどうか、という点です。

　歯車周りをわかりやすくするための側面図[図6-5]も書きます。

　モーター軸、第1歯車軸と車軸の関係、車軸と電池ボックス上面の関係等をわかりやすく表現します。特に、車軸受けをスライドなしで実現していることを、風船(別に描く図)を飛ばして強調しましょう。

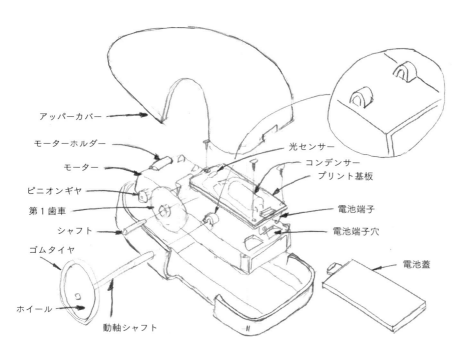

図6-4　爆発図

108　　　6章　｜　量産化　ーその2．電子部品ー

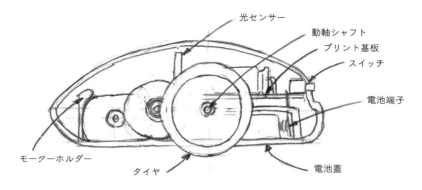

図6-5 側面図

歯車モジュール、歯数、軸間距離の関係は以下の通りです[図6-6]。

軸間距離＝{(10歯＋30歯)×モジュール0.5/2}＋0.1(バックラッシュ)

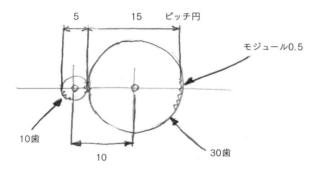

図6-6 歯車モジュール、歯数、軸間距離の関係

　電池、モーター等の配置を理解してもらうために上面図を描きます。プリント基板と電池端子、電池端子の穴の位置関係をわかりやすく表現します。モーターホルダーは、図面だけでは理解が難しいので、側面図と上面図にコメントを入れましょう[図6-7]。

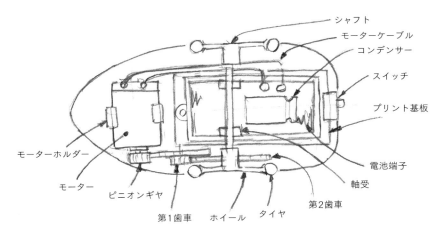

図6-7 上面図

　図面は、こちらの意図（やりたいこと）を伝えるためにあります。大事な箇所には赤線やアンダーライン、コメントを加えるなど、わかりやすく強調してください。必要に応じて、教科書通りの設計製図のルールから外れてもよいと思います。

　ポンチ絵で大枠を理解してもらえば、詳細図面、金型図面は工場のエンジニアが進めてくれます。こちらのやりたいことさえ伝われば、最終図面は工場で描いてもらったほうがよいです。

　こちらの意図を十分理解してくれたエンジニアが作った図面で金型を製作すれば、ミスはほとんどありません。一方、やりたいことが伝わらないまま、こちら発行の図面のままで金型を彫ると、思わぬ勘違いが発生します。同様に、アートワーク図も、工場側に依頼したほうがスムースに行く場合が多いです。

電子回路の基礎 －回路図では読めない抵抗や損失－

　人には得手不得手があります。手先が器用でものづくりが得意、ソフトウェアのことなら「まかせてくれ」という人でも、「電子回路は苦手」という人がしばしば見受けられます。そう言わないで！大丈夫です。

　豆電球から始めてモータードライバーICの接続まで、電子回路の基礎を解説させていただきます。これを読めば、ガジェット開発で必要な電気の知識はだいたい習得できると思います。

● 小学校の理科：電気の通り道

　恐縮ですが、まずは小学校のおさらいから。私が学んだのは半世紀も前のことですが、授業でかまぼこ板が必要だから持ってくるように、と言われたことがあります。当時、正月でもない限り、かまぼこなんて食べられません。たぶん、ほとんどの家にはかまぼこ板なんかなかったはずです。でも、授業当日には何人もが持ってきていました。昨日の夕飯にはかまぼこを食べた家が多かったんだろうと思い、何ともうらやましかった覚えがあります。

　授業では、完成のイメージ図 [図6-8] とともに、材料となる豆電球、電球ソケット、単2乾電池、木ネジ小3本、木ネジ大2本、穴あきブリキ板3枚、かまぼこ板、ドライバーが用意されていました。

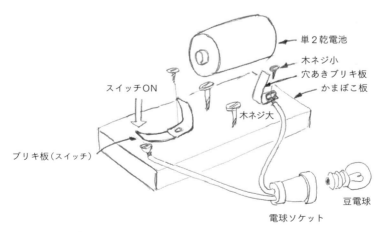

図6-8　小3理科「電気の通り道」実験装置

ここで少し自慢話をさせていただきます。実は、授業の数日前、先生から呼ばれました。やけに大きな木ネジを見せられながら、今回の実験で使う木ネジについていろいろと聞かれたのです。
「この大きいのは、電池の幅支え用に使えますね。ブリキ板用の木ネジは、一番小さいのを選んでください。明日、家からサンプルを持ってきます！」
…というような感じで、偉そうに答えたと記憶しています。おそらく小学校3年生の3学期だったと思います。
　家はネジ屋さんではありませんが、模型少年だったので、いろいろなネジを持っていました。先生もそのことを知っていて、私に聞いたのです。きっと工作が苦手な先生だったんでしょう。
　授業が開始されました。先生が、組み立て手順や注意点を説明します。
　いざ始めてみると、ブリキ板がうまく曲げられない！　ドライバーが使えない！　電線の共締め*1がむずかしい！　電池のプラスとマイナスがブリキ板に接触してない！……と、トラブル頻発です。極めつけは、スイッチ板（穴あきブリキ板）先端が電池のネジまで届いていない！[図6-9]

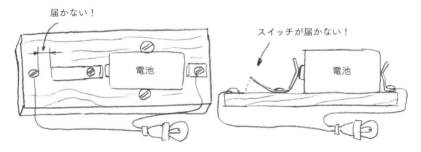

図6-9　スイッチが届いていない実験装置（左は上から、右は横から見たところ）

　これでは電気の通り道ができません。小美濃少年は大忙し！　教室中を駆け回り、みんなの組み立て調整を手伝いました。
　何とか時間内に、かまぼこ実験装置が完成。スイッチを押したら豆電球が点灯しました。
「あれー！　今ひとつ暗いな！」

＊1　共締め：ブリキ板や配線を2つ以上重ねて締め付けること。

教室のあちこちから声が響きます。「うっすら点灯」が何人も。みんな接触が不安定なので、あっちこっちを押さえながらギリギリの体勢で実験しています。電池の量はたっぷりあるので、どうやら接触不良が重なって「うっすら点灯」となったようです。

● **接触抵抗**

小学校でのこの授業、ワイワイガヤガヤのうちに終わるたいへん楽しいものでしたが、実は大きな教訓を含んでいます。それは、「接触抵抗」という問題です。電子回路を伴うガジェット等のものづくりには必ずついて回る問題です。

実験で起きたことを考えてみます。

電線をつないだ部分は電気が通りにくいようでした。1ヶ所1ヶ所で見ればわずかな抵抗も、数が多いと馬鹿になりません。今回、電気の通り道（1周）で6ヶ所の接触部分がありました。どうやら、この接触部分での接触抵抗の積み重ねが「うっすら点灯」の原因だと思われます[図6-10]。

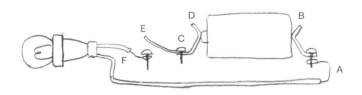

図6-10　実験装置における接触部分

問題点を整理すると、

・ブリキ板と電球ソケット線のネジ締め不具合　AとF
・電池とブリキ板のバネ性不具合　BとD
・スイッチブリキ板とネジ頭の接触　E（これは強く押せばOK）

結局、電池接点周りを全部手作りにしたのが、電気の流れを悪くする原因になっていたようです。それがわかって、たいへんよい勉強になりました。

113

現在では明かりといえばLEDを使うので、少々事情は違います。小学校でも豆電球による電気の通り道は教えますが、同時にLEDも並行して扱います。ご存知の通り、LEDはわずかな電流で点灯するので、多少接触が悪くても点いてしまいます。考えようですが、昔の実験のほうが身を持って接触抵抗を学べたように思います。

● 並列と直列

　中学生のとき、模型の自動車をよく作っていました。作る過程で並列と直列が感覚的に理解できるようになりました。

　電池の並列接続と直列接続について、自動車を作って、走り方を比較しました。

　並列接続は、モーターにかかる電圧が1.5V。対して直列接続は、1.5V＋1.5V＝3Vですね。当然、直列接続のほうが2倍速いはずです。

　ところが、試してみると、2倍の速さになんかなりません。うまくいっても1.5倍がせいぜいです。しばらく試していると、直列接続のほうがむしろ遅くなってきました。電池を使い果たしてしまったようです。

　回路図には描いていない接触抵抗がどこかにあったようです［図6-11、6-12］。単純化して、接触点1ヶ所につき抵抗を1Ωとします。

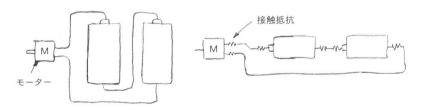

図6-11　直列接続の接触抵抗：1Ω×6＝6Ω

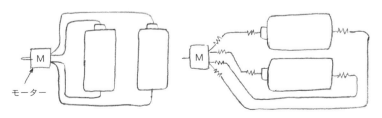

図6-12　並列接続の接触抵抗：1Ω×4＝4Ω（片側）

直列接続は接触点は6ヶ所なので、1Ω×6＝6Ωです。
並列接続の片側の接触点は4ヶ所なので、1Ω×4＝4Ωです。
直列接続では、接触抵抗が思いのほか大きく、モーターが使う電気が取られてしまった感じです。より正確には、モーターの負荷抵抗を加味して接触抵抗による損失を比較する必要があります。

●接触抵抗を減らす

もっと強くモーターを回したいと考え、接触抵抗を減らそうと思いました。モーターの配線は絡げ配線*2でした。線は穴を通っていますが、しっかり締まっていないので、ユルユルです。ここをハンダ付けします。ハンダ付けしたところは、ほぼ0Ωと考えてよいでしょう[図6-13]。

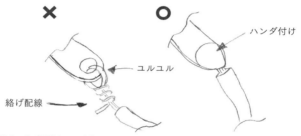

図6-13　接触部分の絡げ配線とハンダ付け

ハンダ付けで対策をした後は、並列接続の接触抵抗は1Ω×2＝2Ω（片側）、直列接続では1Ω×4＝4Ω、です。大きく改善できました。直列接続で電池同士を直接接触させれば、1Ω×3＝3Ωにまでできました[図6-14]。

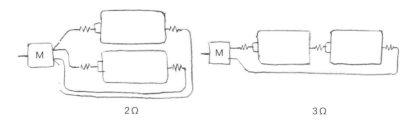

図6-14　「絡げ配線」をハンダ付けすると接触部が半減するので、接触不良も接触抵抗も減り、動きが大幅に改善される

＊2　絡げ配線：端子などに電線の芯を巻き付けて行う配線方法。ゆるみやすく、接触が不安定。

同じ回路図なのに、絡げ配線をハンダ付けにしただけで、接触不良も接触抵抗も減って格段によい動きになりました。「ハンダ付けの威力はすごい!」と実感した次第です。

● 電池の内部抵抗

実は回路図上からは読み取れない抵抗は他にもあります。電池の内部抵抗です。

単3乾電池と単1乾電池で、ちょっと大きめのモーターを回して比べた場合を考えてみましょう。どちらも同じ1.5Vですが、明らかに単3乾電池のほうが回転が弱いです。

その原因は電池の大きさ(=容量)の違いにあります。大きな電池は内部抵抗が少ないのでジャブジャブ電流を流せるのです[図6-15]。

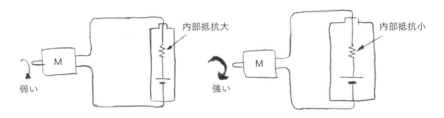

図6-15　同じ電位(1.5V)でも内部抵抗の小さい電池の方が力強く回る

今度は同じ電池を2本並列に配置しましょう。電圧は同じ1.5Vですが、内部抵抗も並列になるので、半分になります。ここがポイントです。その分、たくさんの電気が流せるようになります。

電池の並列接続と直列接続のところでは接触抵抗だけの話をしましたが、実は並列接続では内部抵抗も並列で1/2になっていました。その分、より強力にモーターを回すことができたのです。

電池の内部抵抗は電池の種類で大きく変わります。同じ重さの電池で比較すると、

　マンガン電池 ＞ アルカリ電池 ＞ ニッカド電池 ＞ リチウム電池

以上の順で内部抵抗が少なくなります。覚えておきましょう。

● 架線電車の実験

　長ずるに及んで中学生も後半になると、鉄道模型なんかいじりだします。
　鉄道模型のHOゲージ*3は、2本のレールに電気を流して動きます。本物の電車のように架線から電気を取れるように改造したことがあります。
　架線用に都合のよい裸線*4がなかったのでハンダ線を使い、組みあがったところで「出発進行！」。
　すると、電源の近くはいつもの調子で走りますが、遠く（左）に行くにしたがい、スピードが遅くなります。逆電圧をかけてバックさせると、今度はだんだんスピードが上がっていきます。
　どうやら、ハンダ線の架線は意外に抵抗が大きいようです。念のため、裸銅線を探して確認すると、安定したスピードで快調に走ります。
　この実験でハンダ線は意外にも電気を通しにくいことがわかりました。
　電線には、さまざまな太さがあります。太い電線は電気をたっぷり流す場合や遠くまで電気を送るときに使われます。
　高圧線は遠くまで電気を送るので、太い電線が使われます。それでも、5～10％の電気は途中で熱になってなくなってしまうようです[図6-16]。

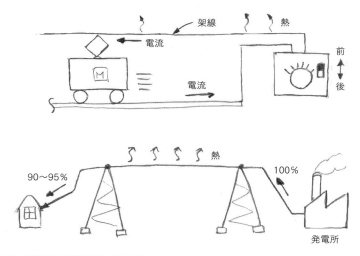

図6-16　架線電車と送電の際の電気の損失

＊3　　HOゲージ：鉄道模型の規格。縮尺1/87・軌間16.5mmで、古くからあり、普及している。
＊4　　裸線：被覆の無い電線。感電の危険があるので、人の近づけないところでしか使われない。

● **リレー増幅回路**

高校生ともなれば、電子工作少年の域はすでに脱し、将来はエンジニアとして食べて生きたいと考えるようになりました。その頃学んだ知識は、デジタル全盛の今でも、ものづくりの基礎として生きています。

デジタル全盛のこの時代、電気回路に関しては、結構アナログっぽいところでつまずく人は多いので、原理だけは抑えておきましょう。

まずはリレーの使い方です。

リレーは、接点が物理的に動くので、とてもわかりやすいと思います。どんな回路を作っても理屈通り正直に動いてくれます。

モーターを回してみましょう[図6-17]。この場合、リレーのコイルに流す電流がトリガー信号となります。モーターの回転はリレー接点でON/OFFされます。

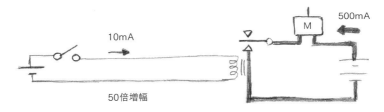

図6-17 リレー回路による電力増幅

入力電流10mAで接点が「カチャ」とくっついて、電流500mAのモーターを回します。いわば、500÷10＝50倍の電力増幅回路になります。

トリガー電流は、10mAと少ないので、細くて長い配線でも大丈夫です。モーター電流は図の太い線が必要です。太く短く配線すると、思い通り強力にモーターが回ります。

● **トランジスター増幅**

今度はトランジスターを使った増幅を考えてみます。リレー増幅と比較してみてください。

トランジスターのベースに1mAくらい流すとコレクターにつないだモーターは500mAくらいの電流で回ることになります。500倍増幅ですね。リレーに比べてわずかな電流で大きなモーターが動かせます。しかも、トランジスターには接点がないので長寿命です。

しかし、トランジスターの特性で、コレクターとエミッターの間は0.6Vくらい電圧が降下します。モーターに500mA流したら、0.6×500mA＝300mWの熱がトランジスター素子から放出されます。ちょっともったいないですね。同時に回路図からはわかりにくい損失です[図6-18]。

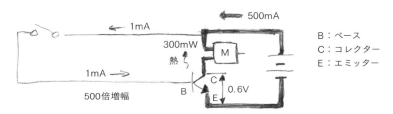

図6-18　トランジスター回路による電力増幅

● **FET増幅**

次は、同じトランジスターでもFET（電界効果トランジスター）による増幅を考えてみましょう。FETは最近のモータードライブ回路ではよく使われています[図6-19]。

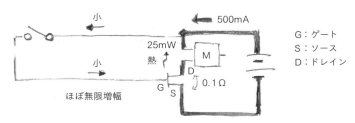

図6-19　FET回路による電力増幅

一般的なトランジスターと違って、固有のゲート電圧値で突然ONになります。このときのソースとドレインの間の抵抗も固有の値で、0.1Ωから数$m\Omega$と非常に小さいです。

たとえばモーターに500mAを流したときのソースとドレインの間の抵抗を0.1Ωとします。すると$500mA × 500mA × 0.1\Omega = 25mW$の熱しか放出しません。トランジスターは300mW放出でしたから、およそ1/10ですね。素子本体もほとんど熱くなりません。その分、モーターは強力に回ります。

●オペアンプを使った電圧増幅

ここでちょっと箸休め。横道にそれることをお許しください。でも、電気回路の理解に役立つ話です。

最近はデジタルもののON/OFFばかりですが、「理想アンプ」というものがあります。つまり、応答速度無限、増幅度無限、入力抵抗無限、出力抵抗ゼロというアンプです。

実は、今まで説明したリレー、トランジスター、FETのどれも理想アンプを目指して開発された素子ですが、今ひとつ理想的に動かず、補完やさじ加減が必要でした。

限りなく理想に近づけた素子をオペアンプ（Operational Amplifier）といい、さまざまな電気現象を正確に増幅します。

[図6-20]は−10倍の増幅器の回路と計算式です。2つの入力電圧差は限りなく「0」になるように動作します。Rfを100kΩにしたら−100倍のアンプになります。オーディオ信号等を正確に増幅する場合に役立つ素子です。覚えておいてください。

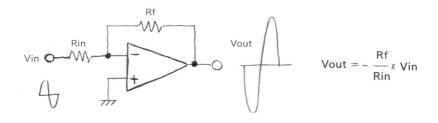

図6-20 オペアンプによる電力増幅

●モータードライバーIC

今回、サイドストーリーのほうで開発している「ツインドリル ジェットモグラ号」ではモーターを逆回転させる必要がありました。回路上、モーターに流れる電流の方向を変え、逆転するにはどうしたらよいでしょうか？

実は、素子（リレーも可）を4つ使うと実現できます[図6-21]。それぞれ対角の素子を同時にONさせれば、正転、逆転が実現できます。このような回路を最近は「H型回路」と呼びます。昔は「ブリッジ回路」と呼んでいました。部品が多くて面倒ですね！

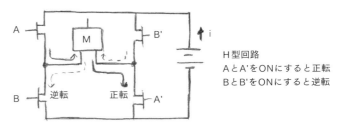

図6-21 H型回路

　でも、最近は便利なICがあります。ジェットモグラ号で使用を検討したテキサスインスツルメント社製の「DRV8833」や「DRV8835」にはH型回路が2つ入っています。

　2つのモーターは別々に、回転方向や速度をコントロールできます。入力信号は、正転、逆転とPWM信号（on/offの比でモーター回転等を制御する技術）です。Arduinoやmicro:bitなどのマイコンボードとの相性も抜群です。プログラム次第でおもしろいガジェットができそうですね[図6-22]。

　プリント配線設計の注意事項は、「モータードライブパターンは太く短く」です。

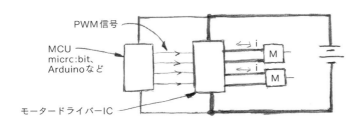

図6-22 モータードライバーICを使った回路

　電気実験、ラジオ工作、トランジスター回路実験等々、電気を使った遊びや実験は、回路図や実体配線図通りにやってもうまく動かないことが多いですね。

　図面や説明図に隠れたおさえどころがあって、ここでは、接触抵抗、電池の内部抵抗、電線の抵抗、トランジスターやFETの内部損失等について説明しました。回路図からはなかなか読み取れないところですが、思うように動かなかったときは、この解説を読み返してください。

プリント基板（PCB）の話

　昔の真空管ラジオや真空管蓄音機の電子回路は、ラグ板を中継して抵抗やコンデンサー、コイル等がアクロバティックに空中配線されていました［図6-23］。職人さんによってハンダの仕上がりにバラツキが出て、ちょっとしたショックで動作不安定になったものです。プリント基板が発明されてからは、ハンダ不良が大幅に減り、品質が安定しました。

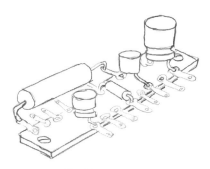

図6-23　ラグ板配線

　ひとことでプリント基板(PCB)といっても、基材の違いや、銅面の枚数、メッキ方法が異なり、これらの組み合わせによって多くの種類があります。
　印刷する場合も片面で1〜2版のときもあれば、多いもので5版の場合もあります。
　これらの中で、最も安く作れるのは、「紙フェノール基材に片面銅、レジスト*5版」だと思います［図6-24］。

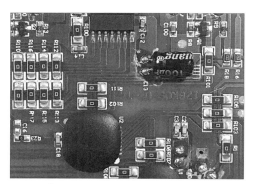

図6-24　「紙フェノール基材に片面銅、レジスト1版」。トイのプリント基板

122　　　6章　｜　量産化　ーその2.電子部品ー

電池で動くトイは、ほとんどこのタイプの基板を使っています。不要になったトイがあったら分解し、取り出してみてください。
　ArduinoやRaspberry Piといったマイコンボードのプリント基板は、ガラスエポキシ基材に両面銅、メッキスルーホール[*6]、レジスト2版、シルク[*7]2版です。
　micro:bitは上記に加えてエッジコネクターがあるので、金メッキが施されています。数あるプリント基板の中でも最高級品の部類に入り、最安値の基板と比べるとひと桁上の値段になります。
　もっとすごいのはパソコン等のCPUボードに使われるプリント基板で、さらに銅面が数層加わって、多層基板になります。加わった層は電源やグランドに使われることが多いようです。
　その他、冷却効率を追及したアルミ基材のプリント基板もあります[図6-25]。昨今のハイパワー高輝度LEDや高速マイコン等で使われますが、冷却効率が良い分、熱が奪われるので、生産時のハンダ工程が難しいという課題があります。

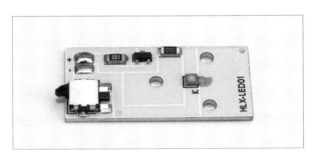

図6-25　アルミ基材のプリント基板

　テレビやエアコンのリモコンも、最安値の「紙フェノール基材に片面銅、レジスト1版」クラスの基板が使われています。不要になったリモコンがあったら分解して見てください。
　紙フェノール基材は型抜き性が良いので、外形抜き型とピアス抜き型（穴）を使った大量生産に向き、コストも低く抑えられます[図6-26]。

＊5　　レジスト：プリント基板の絶縁印刷のこと。
＊6　　メッキスルーホール：通常、両面ガラエポ（ガラスエポキシ）基板にする加工で、2枚の銅箔を電気的に導通させるために穴を開け、その内面に金メッキを施す。
＊7　　シルク　プリント基板で使われる印刷方法。「シルク版」または「シルク印刷」のこと。

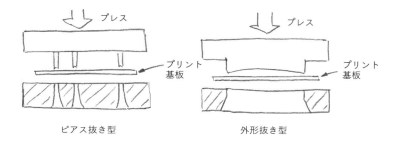

図6-26 プリント基板の金型

　リモコンを分解すると、[図6-27]のようにキートップの位置にカーボン印刷が施されています。ゴム製のキートップの裏には導電ゴムがあって、カーボン印刷に押し付けることで、パターンが導通します。これは、タクトスイッチと同じ動作を安く作りこんだ素晴らしいアイデアです。

　初期の頃はカーボン印刷のところは金メッキでしたが、技術が進み、現在に至りました。シルク版が1つ、2層ゴム型が必要になりますが、大幅なコストダウンが実現できました。

　生産数1万以下の場合、2層ゴム型の金型代が原価を圧迫するので、汎用タクトスイッチ＋キートップをお勧めします。キートップは樹脂成型金型に共彫り[*8]しましょう。

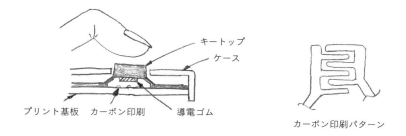

図6-27 リモコン内部のプリント基板上のカーボン印刷は、導電ゴムの直下に施す

＊8　共彫り：樹脂成型金型の空きスペースに彫りこむこと。
＊9　アートワーク：プリント基板配線のパターンデザインの設計のこと。

● **最安値基板**

「最安値基板」を条件に、部品配置を考えてみましょう。

チップ部品、IC等、表面実装部品は銅面に、リード部品は、裏面から差すのが良いと思います。片面基板は引き回しに課題がありますが、0Ω抵抗を多用してアートワーク*9技術で乗り切りましょう[図6-28]。

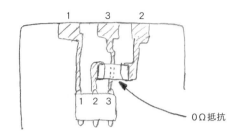

図6-28 0Ω抵抗を使ったリードの引き回し

ハンダ付けは、少量生産なら表面実装部品をリフロー、リード部品は手ハンダでよいと思います[図6-29]。500枚以上あれば、フロー＋カッターのほうが安定するかと思います。これら、マウントやハンダ付け方法は、工場の設備との相談になりそうです。

いずれにせよ、以上の知識をふまえて、トイやリモコンから外したプリント基板を見せながら相談すれば、こちらの意向は理解してもらえると思います。

ちなみに工場側のエンジニアとの会話では、プリント基板のことは、PCB（Printed Circuit Board）といったほうが通じやすいようです。覚えておくとよいでしょう。

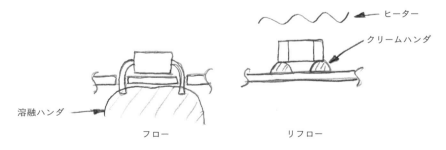

図6-29 溶かしたハンダに先端を浸ける「フロー」（左）と、クリームハンダを付けておいて後からヒーターで熱を加えてハンダを溶かす「リフロー」（右）

COLUMN

レジスト版とシルク版

　レジスト版はハンダランドの形状や大きさを規定するために重要な働きをしていますので省略は難しいですが、シルク版は省略可能です。
　シルク版の役目は、抵抗やコンデンサーの品番や値、電源のプラス、グランド等の目印、基板の名前やロット等を標記することにあります。
　これらは、生産工程のマニュアルや作業指示看板にあればよいことで、1枚1枚に詳細表記する必要はありません。強いていえば、修理する人にとっては役に立ちます。今は基板上の部品を交換する修理もなくなりましたので、もはや詳細に表記する意味はなくなったといえそうです。
　修理の場合、特にチップ部品交換は難しいので、ユニットごと交換することになります。
　ということで、シルク版省略で版代と刷り代が浮きました！
　どうしてもほしい目印、たとえば、「＋」「GND」等はアートワークに描きこんでおけば、レジストを通して見えます。

7章

出張の意義

海外で量産する場合、チェックのために現地へ行く必要はあるでしょうか？
「コストもかかるし、ネットの時代にムダ。テレビ会議で十分」
よく聞きますが、私にはそうは思えません。
ものを作るのは人であり、人である以上、たとえ言葉の理解が不十分であっても、
最も密にコミュニケーションを交わせるのは、Face to Faceです。
古い考えのように見えますが、
会って話もせず、良いものを作ろう、という考えは
甘すぎると私は思います。

初めての中国出張

　出張となったらそれなりに準備し、出張中も油断せず、実りあるものにしなければ行く意味がありません。そうかといって肩肘を張ってコミュニケーションを取ろうと思っても、相手は初対面の外国人の方です。基本、日本のやり方は通用しません。そのことは肝に銘じてください。

　彼らとの意思疎通は難しくとも、伝えるべきことを伝えるため、私がやってきた方法をお話しします。

　すべて実際の体験に基づいていますが、昔話も混じります。立場や状況が違えば異なるケースもあるかもしれません。とはいえ、15年以上にわたり、延べ70〜80回は出張しましたので、今もそれほど外れないかとは思います。

　基本路線としては、成型と電子基板を必要とするガジェット系の製品を、中国東南の海岸部・広東省の深圳、東莞、広州の工場で作ることを想定しています。

　通常、中国へ出張するタイミングは、金型が完成し、量産に入る直前です。出張の目的は、依頼内容の確認と詳細指示。そして、円滑なコミュニ

図7-1 香港、深圳、東莞の位置（左）／発展目覚ましい深圳の風景（右）

ケーションです。

　ものにもよりますが、T1が出てきたあたり、発売の1〜2ヶ月ぐらい前といったところでしょうか？

　まったく初めての工場だと、概算見積が出たあたり（入金直前）で、視察のみを目的に2泊3日ぐらいの予定で行く場合もあります。

　工場視察のみの場合にもいくつかのポイントがありますが、それは後述します。視察のみの場合でも余裕があれば、OEM会社の現地事務所に寄るといいと思います。たいていは、中国本土または香港、台湾にあります。工場との細かいやりとりを中継してくれる人たちなのでコミュニケーションを取っておいて損はありません。後々、仕事がはかどります。

●旅程と手配

1. スケジュール

　まずは日程を決めましょう。

　製品チェックを前提とするなら、3泊4日か、4泊5日といったところが無難でしょう。あまり長いこと滞在していると、集中力が切れてしまいます。

　時期については工場の都合もあるので、OEM会社に間に入って決めてもらいます。基本、土日は工場も休みになるので、平日に設定します。ひとりでの移動に自信があるなら、土日を「行くだけの日」あるいは「帰るだけの日」にしてもよいかもしれません。

　現地特有の特殊なスケジュールは避けたほうが賢明です。春節（1〜2月）、中秋節（9月）、国慶節（10月）、香港が絡むならイースター（4月）

等です。特に最大のイベントである春節中の出張は意味がないのでやめましょう。

ー 2. 航空チケット

　日程が決まったら、航空チケットを確保します。

　広州なら直接、現地へ入るのがよいかと思いますが、深圳や東莞なら、通常は香港経由となります。LCCなどの格安航空券や深夜早朝便もあるのでうまく組み合わせるとよいでしょう。時期によっては国内旅行より安い場合があります。成田ー香港で4〜5時間程度ですから、多少席がきつくても我慢しているうちに着いてしまいます。

ー 3. 移動手段

　香港から先、深圳や東莞へ向かうには、フェリー、電車、バスの3つの方法があります。

　便利なのはフェリーです。香港市内を経由することなく、空港から直接、現地へ入れます。片道5,000円ぐらいかかるので、料金としては高額です。

　電車、バスの場合は、陸路を香港経由で行くことになるので、イミグレーション（入国審査）を2回、通ることになります。同じ中国でも1国2制度なので、香港は独立した国として考えたほうがわかりやすいです。したがって、日本から香港へ入国する際にイミグレーションを通り、香港から出て中国本土へ入るために、またイミグレーションを通過します。ちなみにバスを利用すると、香港で左を走っていた車両が中国本土でいきなり右を走り出すので少々面食らいます。香港は左側通行、中国本土は右側通行だからです。

　電車の場合は、羅湖（ローフー）まで地下鉄（MRT）などで向かい、そこからイミグレーションを通過して深圳に入るルートが一般的です。片道1,000円程度（空港からエアポートエクスプレスを使って3,000円程度）です。最近は日本でいうところの新幹線もできました。ただ、イミグレーション通過に思わぬ時間がかかったりするので、所要時間に関しては日本の感覚で利用するのは難しいと思います。

　バスの場合、直接深圳へ入るケース、香港側の地下鉄（MRT）駅までのケースなどいろいろルートがあります。

深圳から先は、地下鉄、バス、タクシー、工場またはOEM会社手配の車、などさまざまです。工場またはOEM会社に相談し、都合のよい移動方法を聞くのが無難です。

4. 宿泊

ホテルはネットを利用して自分で取ることもできますが、OEM会社や工場が手配してくれるなら、任せたほうが安全です。きちんとした会社なら、工場や事務所に近く、安全でリーズナブルなホテルを予約してくれます。その場合、名前・住所・パスポート番号を先方に知らせておく必要があります。

自分で手配する場合、あまり安いホテルは治安の問題もあり、お勧めできません。日本円で1泊5,000円（約300元）前後のところなら大丈夫でしょう。

COLUMN

ひと昔前の移動はひどかった

ひと昔前（20年以上前）、香港国際空港から深圳や東莞に行くのはひと苦労でした。イミグレーションのところで集団スリや置引に遭い、現金やパスポートを盗られる等、日常茶飯事でした。

また、下手にタクシー（白タクが横行していました）等に乗ると身ぐるみをはがされて知らない土地に放り出される、ひどいときは殺される、という話もよく聞きました。

移動の際は油断ができませんでした。持ち物や貴重品には常に注意が必要で、手の届くところか、前（おなか側）に持つよう心掛けたものです。

最近は、以前から考えればだいぶ安全になりました。それでも日本にいるときの感覚では、思わぬ被害に遭いかねません。あくまで海外であること、観光ではなく仕事なので「旅行者が行かないような場所に行くのだ」という意識は持つ必要があると思います。

― 5. 持ち物

　日程が決まったら持ち物チェックをしましょう。

　通常の旅行用具の他に、図面、パソコン、試作品、検査治具、ノギス、テスター、オシロ[*1]、工具等々、いろいろ必要になります。工具などは機内に持ちこめないので、面倒でも預けるようにします。持ちこみのカバンに入れたままうっかり忘れると没収の憂き目に遭います。

　パソコンやスマホは海外で使えるようにあらかじめ設定しておきましょう。WeChat等中国国内で使い勝手のよいアプリを入れておくと、連絡の際、重宝します。

― 6. 現金

　お金はどれくらい用意すればよいでしょうか？　ホテル代、フェリー代等交通費はクレジットカードが使えます。VISA、Masterが使えるカードなら大丈夫です。JCBは微妙です。現金ですが、数百元程度で十分です。使うような場面はほとんどないはずですが、ゼロとは言い切れません。

　最近の中国はキャッシュレス化が進み、現金が使えるところが急速に少なくなっています。現地の人であれば、WeChatPay（微信）やアリペイを使ったスマホ決済が一般的です。200元以下の少額取引にはWeChatPayが便利とされています。小さな小売店などでも導入されているケースが多いからです。ただ、安全性に問題がある、と言う人もいます。いずれにせよ、中国に口座を開く必要があるので一時滞在の日本人が利用するにはハードルが高いです。あらかじめアプリをスマホにインストールしておき、中国人、あるいは現地で暮らす日本人に現金を渡し、プレゼント機能を利用して送金してもらう、という手法で対応している人が多いようです（2019年5月時点の情報です。変わっているかもしれません）。現金で支払いたいケースが想定されるときは、現地の工場、OEM会社に確認しておきましょう。

― 7. お土産

　荷物に余裕があれば、工場やOEM会社へのお土産を用意しましょう。

＊1　オシロ：オシロスコープの略称。電子技術者が使う道具の1つで、電気現象を観測する装置。

こんなことで製品価格が安くなったりはしませんが、意外に喜んでくれます。最後はやはり人と人ですから、ここらへんは日本人的な感覚で対応してもよいと思います。

私はよく北海道のお菓子「白い恋人」を持参します。特に女性の社長（結構います）や事務を取り仕切る女の子にウケます。中国でも女性の力は偉大ですので、気を遣いたいところです。

生産ラインの実態

初めて中国へ出張すると一度は見ることになる風景が、工場見学時の「組み立てライン」だと思います。大勢のワーカーさんの真ん中に長いベルトがあって、上流から下流に向かって組み立てが進み、だんだん形になってきて、最後は梱包されて、カートンに入れて完了です。

組み立てラインは、実は最後の工程で、一番見ごたえある場面です。工場見学の華ですので、工場側にとっては、お客さんに見ていただくには最高の舞台なのです。

実は、この最終工程の組み立てラインが動き出す前に、送りこむ部品やユニットを準備する、多くの前工程があります。

ここでは、実際のラインとその周辺で何が起こっているのかを、生産の流れに沿ってご説明します。

図7-2　生産ライン

● 樹脂成型ライン

　組み立てラインに投入する数日から数週間前に稼働します。工場内に成型機がある場合と外注の場合があります。外注の場合は、もう少し前段階から動き出しているはずです。ラインといっても簡単な工程で、成型機から取り出した成型品を平板に置いて歪みを取ったり、ゲート処理をするだけです。

　樹脂の金型製作は、樹脂成型ラインが動き出す数ヶ月前から始まります。そのため、金型製作のスケジュールが決まってから、他の部品やユニット加工の手当てを始めても十分間に合うことになります。

図7-3　樹脂成型ライン

● 成型品の後工程

　成型品に彩色等の後工程がある場合、それぞれ専門の「後工程ライン」を通します。具体的には、以下のような工程です。

　― 彩色

　　人形の目、口、まゆ等を筆で描く工程を「彩色」と呼びます。手先の器用なワーカーさんが担当します。有機溶媒を吸う可能性があるので、ワーカーさんひとりひとりの手元に換気用のダクトが伸びています。

図7-4　彩色ライン

ー 吹き付け塗装

　樹脂全面の塗装は稀で、ほとんどの場合、マスキング塗装になります。少し広い面の塗装で、専用ブースで行います。マスキングテープを使うことは稀で、薄い鉄板等でマスキングします。

図7-5　吹き付け塗装

ー タンポ印刷

　曲面に印刷する技術で、人形の顔や自動車のボディ等に使われます。シルクで盛り上がったインクをキメの細かいスポンジ（タンポ）に移植して、それを部品の曲面に押し付けて印刷します。仕上がりが曲面なので、平面の版を微妙に延ばしたり縮めたりして、刷り上がり具合を調整します。

図7-6 タンポ印刷

ーメッキ工程

　成型品をメッキする場合、のりを良くするために、無電解メッキ、銅メッキをしてから金色、銀色等々、欲しい質感のメッキを行います。樹脂の平滑度が要求されるので、金型表面の研磨度合いで仕上がりがだいぶ異なります。費用は、樹脂コストのおよそ2倍になります。コスト管理の目安としてください。

　これらの工程が終わったら、通い箱や棚板に入れて、組み立てラインに持ちこみます。

図7-7 通い箱

● 購買、外注管理

　受け入れ検査工程を下支えしているのが、購買、外注管理部門です。「段取り」とか「前工程」と言われます。最も重要な仕事で、工場のベテランが工程を作りこみます。すべての部品やユニットがそろわないと生産ラインは動かないので、慎重に発注・入庫計画を進めます。

　サプライヤーに対する発注業務、内職や外注に対する前工程作業に分けられます。

　モーター、ネジ等の規格購入品の発注、サブ組み立て（ユニット化）作業の発注と立ち合い指導、受け入れ検査工程等々のスケジュール管理が主な仕事です。

　組み立てラインのスケジュールに合わせるのが絶対条件で、ひとつでも納品遅れがあるとラインは停止してしまいます。

● 受け入れ検査ライン

　すべての部品やアッシー（Assy。Assemblyの略語。ユニット化された構成部品のこと）は「受け入れ検査ライン」を通します。

　たとえば、以下のような部品です。

　　プリント基板アッシー、メタル部品、ゴム部品、ブリスター[*2]、
　　リード線前加工、モーター、ネジ等購入品、梱包関係、取扱説明書等

　この工程で、不具合品の選別をします。不良率が高い場合、即座に戻して、原因追及と対応策を決め、実行します。

　たとえば、10個の部品で組み立てる場合、それぞれの部品不良率が1％だったとすると、およそ10×1％＝10％の不良品ができることになります。すなわち10個作って1個不良品が出てしまいます。

　受け入れ検査ラインの工程は非常に重要なので、品質管理部門が中心になって行います。一般の抜き取り検査基準にしたがって判断し、素早いフィードバックを行います。不具合品は偏りますので、数個の問題部品を解決すれば、全体の不良率は大幅に改善されます。検査の結果OKとなった部品やアッシーが組み立てラインに供給されます。

＊2　ブリスター：ここではパッケージ用の熱成型品のこと。ラインの最後の梱包に持ちこまれる。

● 組み立てライン

俗にいう「ライン」で、工場見学でよく見る場面です。

前述の通り、さまざまな下準備、段取りがうまくいっていれば、ガジェットで1日に1,000台くらいは生産できます。

右側から成型品が送りこまれ、組み立てが開始されます。途中で、プリント基板やモーターやギヤアッシー等が投入され、本体に組みこまれます。最終工程は梱包になります。

工程中に検査員を置き、不具合品を発見した場合は、「はじく」行為をします。はじかれた商品は、修理屋さんのデスクに集められ、修理してラインに戻します。不具合原因がライン上にある場合、上流の工程を改善します。

外注依頼したサブ組み、ユニット等に問題がある場合は、差し戻しになりますが、ラインを止められない場合は、急きょ「手直しライン」を作って対応します。

この事態になると、ハチの巣を突っついたような大騒ぎとなります。当然、外注先の社長も飛んできます。

● ベルトの早さと生産数

ラインには「ベルトスピード調整レバー」があります。生産数を増やすにはベルトスピードを上げればよいと思われがちですが、実はあまり関係ありません。ライン上の組み立て品の間隔を広げたり、狭めるために使います。

生産の速さは一番上流のワーカーさんの手さばきでおおよそ決まりますが、途中で溜まり始めるとその作業の速さが鍵になります。

ラインの責任者「ライン長」はラインの流れを見て、溜まりが出始めたら、人を投入するか、溜まり部分の作業量を調整します。たとえば、ネジ止め5本を4本にして、余裕のありそうな下流を見つけてネジ締めを1本増やします。

そんなことを知らない役員が見学にきて、「このベルト止まってるの？」なんて皮肉を言うことがあります。

ひとりひとりの作業工程が多い場合も、スピードが遅くなります。作業工程が多いのは、有能なワーカーがそろっている証拠でもあります。

以上のようにベルトスピードと生産数はあまり関係ありませんが、少し

早いくらいが景気よく見えるかもしれませんね。

　なお、精密機械、集積回路や食品などの工場では、ワーカーさんはクリーンルームで作業します。部屋の出入りはエアシャワー室を通過して作業着に付いたほこりやウイルスを飛ばしてからラインに入ります。

　このような環境下での作業は、「化粧は禁止」としている工場が多いですが、なかなか徹底できません。

　不良原因のひとつにファンデーションがあるからです。特定のワーカーさんが出勤したときに限って不良率が上がるなど、因果関係に注意が必要です。

　精密機器を商品化する場合の知識のひとつとして覚えておいてください。

● ロットアウトになった！

　バイヤーの検査員が来て抜き取り検査。約束のAQL（50ページ参照）に届かず、ロットアウト*3宣言。この場合、全数検査を行ってバイヤーに再検査をお願いします。

　開梱2名、検査1名、再梱包2名で、1日で1,000セットくらいは見直しできます。ただし、商品の難易度により検査数は前後します。数日後にバイヤー再検査で合格！　出荷OKとなりました。めでたし、めでたし。

　全数検査をすると、高い確率で、取扱説明書、保証書、付属部品のセットミスが発生します。ラインの最終工程の梱包にはチェック機能がないからでしょうか。不思議な現象です。

　OEM生産の場合、過去の生産情報が取りにくい（あるいはない）ので、ロットアウトの判断が難しい傾向にあります。そのため、発注者が生産時や出荷時に立ち会うことで、品質を維持していることが多いです。商品がよく売れて継続生産になれば、品質は安定します。

＊3　ロットアウト：バイヤーの出荷検査で不合格になること。ロットアウトになった品物は出荷ストップとなる。不具合原因の調査と対策を講じてから全数確認検査を行い、バイヤーに再検査を依頼することになる。

COLUMN

お蔵入りの手直しライン（ここだけの話）

　どこの工場も、ひとつやふたつのロットアウト品は抱えています。

　さまざまな事情で出荷できずに、そのままお蔵入りになったロットです。多くは全数不良に近いまま放置された状態で終わっています。

　これらは、工場のエンジニアにも解決できない不具合のようで、症状は明確ですが、原因がわからないものばかりで、対策も打てないままです。原理的に難しい振る舞いを取り入れた商品が多いようです。

　よくある例では、飛行機やヘリコプター玩具のコピー品です。オリジナルはよく飛ぶのに、同じようにコピーしたにもかかわらず、まったく飛ばないモデルになっています。

　ブランコや、2輪車等も失敗の多い事例になります。これらダイナミックなアクションが売りの商品は、試作でできても量産できないことはままあります。回転部にスラスト力*4がかかる、平行移動メカを駆使している、重力がかかるスラスト軸受けの設計が甘い、ラジアル方向の荷重に対する配慮がない……等々、メカのセオリーを逸脱している場合や、おさえどころにPOM等を使っていないことも原因のひとつのようです。

　電気的にうまくいかないケースもあります。多くの場合、アース周り、パターン、細いリード線が原因で、オリジナルのようなアクションができない現象です。これも、配線図から読み取れないと、まったく解決の糸口もわかりません。一般的にはアナログ系でつまずいていることが多いようです。

　デジタル信号で大電流を流すガジェットも、減電圧特性が悪いので、暴走やフリーズ、起動不良を起こします。電池寿命が極端に短いのもこのあたりが遠因になっていることが多いようです。

　私も何度かお手伝いしたことがあります。原因と対策を試作して見せると大喜びされます。翌日には手直しラインが準備できて、全数良品になっていたりします。

　最近の事例では、電解コンデンサー1本の追加で改善できたケースがありました。昨今のデジタル屋さんは電気はHiとLoで動いていると思っている傾向にあります。実際には、電源電圧範囲の上寄りだったり、下寄りだったり……の世界で動いています。

　あと一歩の改善ができなくて葬られるロットはかわいそうですね。

T1直後、出張前に行っておくべきこと

　ここからは、視察ではなく、製品チェックのための出張を前提にお話しします。

　金型が完成すると樹脂成型の試し打ち[*5]が始まります。試し打ちをしながら、できた成型品をチェックし、金型の修正を進めていきます。出張のタイミングとしては、T1直後からT2のあたりが一番多いかと思います。OEM会社から金型ができた旨の連絡が入り、T1が日本に到着するあたりで、出張の予定を組みます。

　T1は本当の「試し」ですので、嵌合はガタガタ、細かい寸法違いはあるわ、表面は汚いわで、粗悪な印象を否めません。ただT1はそういうものだと思っていたほうが無難です。チェックして徹底的に問題点を洗い出しておきましょう。

　寸法や形状を測っておきます。イメージと違った場合は、どのように修正したいか考えておきます。要求とは異なるけれども、このまま使えそうだという場合もメモを取っておきます（後で取引材料にします）。先方へもそれらを全部伝え、問題箇所については解決方法を事前に考えておいてもらいます。

　質感や色もチェックしておきましょう。

　表面に「シボ」(77ページ)を付ける場合はサンプルを準備します。なるべく同じ材質がよいです。色見本も同様に同じ材質のものを用意します。PANTONEで指定してほしい旨もよく言われますが、同じカラーチャートを使いながら、なぜかこちらが思う色にならないということが頻繁に起こります。紙とプラスチックで見え方が違う場合もあれば、光源によっても異なって見えます。そもそも人によって同じ色を見ても受け取る感性が違うというケースもあります。

　自分の思うようなシボや色にできるだけ近づけたいと思うなら、必ずサンプルを用意します。気に入ったシボや色のサンプルは100円ショップに並ぶ製品等で探せると思います。

[*4]　スラスト力：軸（シャフト）の軸方向に働く力。多くの場合、ラジアル方向（軸に直角）には注意を払うが、スラスト方向の荷重には配慮をおこたりやすい。

[*5]　試し打ち：成型具合を見るため、成型機を動かして試しに樹脂成型すること。試し打ちで成型された部品の寸法や仕上がりを確認し、すべてOKなら量産に入る。

ただ、ここまでやっても表面の印象や色が違って見えるケースも多々あります。これは永遠の課題で難しいのですが、あまりこだわっていると納期やコストに影響しますので、ある程度のところで妥協することも必要です。

　さあ、これで準備は完璧です。いよいよ、中国へ行き、最終の製品チェックに臨みます。量産化のクライマックスと心得てください。

　出張前、出張中の依頼内容と、判断・検収業務をイメージしながら、T1サンプルをしっかりチェックします。「依頼内容」と「サンプル」を事前に送っておきます。なるべく出張前に届くように発送手配しましょう。

　出張前に届けば、工場からの質問を早めに知ることができます。中国への送付にはEMS（日本郵便）がよいと思います。

出張中の作業

　出張は、全行程を4日くらいとして、だいたい以下のスケジュールにするとよいでしょう。

●1日目

　日本を午前中に出国。夕方、現地ホテルにチェックインして、OEM会社の現地スタッフとビジネスディナー。工場との打ち合わせ内容の確認。課題があれば、ある程度の方向性を打ち合わせておきましょう。また、何か特別な作戦があればこのタイミングで下話しておきましょう。

●2日目

　朝、OEM会社事務所でエンジニアと打ち合わせ。工場との打ち合わせ内容を確認しておきます。

　午前中、工場到着。製造会社の社長、役員、細かい世話をしてくれる担当者らが紹介されます。その後、金型工場や生産工場、その他関連工場の見学コースの確認と、打ち合わせ場所の確認をしておきます（通常はラインのある生産工場で打ち合わせをします）。金型、版等の修正が決まっている場合は、それぞれの工場で打ち合わせとなります。

　いずれにせよ、工場のエンジニアと、現場リーダーとの打ち合わせが原

則です。何も変更なしであれば、何の問題もありませんが、普通はこうしたい、ああしたいという意見が出ます。希望通りの変更ができるか、納期、修正代・単価、品質（商品性を含む）に与える影響等に対する考え方等を伝え、合意をとります。

● 3日目

予備日としておくのがよいでしょう。2日目の依頼に対する回答や確認を行います。場合によってはバラックモデル*6を作って金型修正内容の確認ができる場合もあります。

● 最終日

移動日と割り切っておいたほうがよいと思います。課題の積み残しがあれば、午前中、工場に立ち寄って、修正内容の最終確認を迫られる場合もあります。「時間切れ作戦」（後述）に、はまらないよう注意しましょう。

出張当日です。OEM会社のスタッフと合流して、現地プロデューサー、エンジニアといっしょに、中国工場に入ります。生産立ち合いと新たに発生した問題・課題の確認、解決案の提案や承認をすることになります。

今まで進めてきた試作が量産化され、多くのお客様に使ってもらうことになります。不特定多数のお客様の元に届けますので、製造責任を意識して進める必要があります。ちょっと緊張しますが、お金をいただくということはこういうことだと思ってください。

現場では、常にものづくりの本質を考えて、変な駆け引きをやめ、正直に三者（発注者、OEM会社、工場）いっしょになって進めていくように心掛けしましょう。

三者の利害は必ずしも一致しないこともありますので、どうしても駆け引きのような雰囲気になりがちです。ここは、大所高所からものを見るようにしましょう。揉めそうなときは、世のため、人のための商品であること、市場に出ればいくばくかの利益をちょうだいしてお互いにwin-winの関係を築けること、などを強調します。お互いの関係性を念頭において発言や判断をしましょう。

---

*6　バラックモデル：動作不具合等の解析や対策を行うための部分的な試作モデル。金型修正前に作ることが多い。

工場に到着すると、広めの会議室等に通されると思います。出張期間中はこの部屋でさまざまな依頼と確認、承認・検収作業を行います。できれば、工場に頼んで出張中、同じ部屋をおさえておいてもらいましょう。
　作業中、T1部品や仕掛品等が机いっぱいに広がります。毎夕帰るときに片付けては効率が悪いし、課題部品の紛失も心配です。
　挨拶や名刺交換はさっと終わらせ、用件に入ります。時間はできるだけ効率よく使いましょう。
　まずは、こちらの依頼事項をあらためて先方に説明します。工場からの質問メールにも回答します。イラストや写真、サンプルを交えて、目の前で動作確認しながら進めていきます。
　企画意図がうまく伝わらないと、試作品の働きが理解されにくいのでしっかり説明します。通訳が入ると通じにくいかもしれませんが、通訳に話すのではなく、先方の責任者や担当者の目を見ながら、彼らに話していることをアピールしましょう。
　金型、電気、プログラム、メカ、それぞれの担当エンジニアが入れ替わり立ち替わり入室します。それぞれ修正案や問題の対応方法、回答時期などを教えてくれます。
　「できない」と言われた場合は、代案を出しましょう。「なぜ、できないか」をいつまでも問い詰めていても、良い方向に交渉は進みません。
　難しいのは、こちらの依頼に対して先方が代案を出してきた場合です。問題がなければ、受け入れるだけですが、うまくこちらの意図が伝わらず、見当違いの案だったりしても頭から全否定することはご法度です。彼らなりに誠意を持って対応してくれた結果だからです。特に中国の人は「面子（ミェンツ）」（日本語の面子とほぼ同じですが、もう少し重い意味があるように思います）を大事にします。理由も説明せず、ただ否定するだけだと面子を潰されたように感じるようです。
　まずは代案を考えてくれたことに感謝の意を表します。その上で、なぜ否定しているのかをしっかり説明します。納得すれば、案外、すんなりと受け入れてくれます。

出張中、最低限解決しておくべきこと

以下、出張で最低限解決しておくべき項目を挙げてみます。

● **射出樹脂金型関連**

　まずは、T1を見ながら、寸法の誤差、嵌合の具合、外観・質感（歪み、しわ、ヒケ、バリ、焼け）等の修正依頼について確認します。すでに修正案が出ているなら、それについて検討します。

　刻印のデータなどがあれば、このときに渡します。コピーを原寸で作って本体に貼って先方へも見てもらいましょう。刻印の凸は、セオリー通り0.2mmくらいがよいでしょう。

　アクション（動作）は予定通りの動きになっているかもチェックしましょう。うまく動かない場合、その原因を探って解決案（修正案）を提示します。あるいは工場エンジニアに対策案を検討してもらいましょう。

　アクションも外観も指示通りですが、T1を見て、形状変更したくなることもあります。

　安全性や操作性、生産性の改善に関わる形状変更は受け入れてくれますので、変更理由をなるべくわかりやすく説明して申し入れましょう。

　デザイン面の形状変更は、修正代を要求されることもあります。その場合「お客様の意向を反映したい」等の理由で申し入れましょう。お客様の意向は最優先されますので、異論は出にくいです。

　プライドの高いエンジニアもいます。会話で行き違いを感じたらOEM会社に助け舟を出してもらいましょう。金型は上がっています。工場側は、変更はできれば受けたくないものなのです。

　変更箇所が多くなっても、すべてをT2までに対応してもらいましょう。工場によっては翌朝に修正上がりが出てくることもあります。出張中に確認できれば、それに越したことはありませんが、状況によっては2～3日かかることもあります。

　通常、T1に対する金型修正代は発生しません。T2以降の変更修正は、T1承認後の案件になりますので有料となるケースが多いです。ただし、T1修正で解決できなかった積み残した課題は、工場側の責任もありますので、引き続き無償修正となりやすいです。

　初対面の外国の方が相手です。意思疎通が難しいのは当たり前。感謝や

尊敬の気持ちは持ちつつも、簡単に妥協しないで、やりたいことをしっかり主張しましょう。

　工場内で、金型修正できる場合、翌日（3日目）に修正上がりが出てくる場合もあります。助かりますね。

● **プリント基板関連**

　樹脂金型に比べて版代は安いので、あまり目くじらをたてるような交渉はありません。うまく動作するまで付き合ってくれます。ただ、抜き型、ピアス型の変更には注意してください。修正費用がかかります（少量生産の場合、型は起こさないことも考えられます。あらかじめOEM会社に聞いておきましょう）。

　すでに動作済み試作があれば必ず持って行きましょう。現地のプリント基板が動かない場合、テスターでの電圧チェック程度で解決できることが多いです。

　工場でプリント基板ができていればその場で通電動作を確認し、減電圧、過電圧特性などもチェックします。念のため、電源回路の発振にも注意してください。回路設計を行わない工場の場合、オシロ等の測定器がないことも考えられます。オシロが必要な場合、あらかじめ用意してもらうよう依頼しておいてください。

　もし試作が間に合っていなければ、最終日（帰国日）に持ち帰りたい旨、要求してください。後送にしてしまうと、いつになるやらわかりません。

　現地で回路変更を行う場合、使える部品（現地手配）の種類がせばまりますので、やや面倒な仕事になります。日本で解決しておくことが一番です。

● **メカニズム関連**

　T1で仮組みして、動作を確認します。動作が不安定であれば、原因の究明と修正内容を検討します。場合によっては、プログラム修正をする勇気も必要です。まだT1ですが、今回の修正がラストチャンスと思って臨んでください。段階が進めば進むほど、いろいろな箇所への影響が大きくなり、修正に時間とお金がかかるからです。

● **その他、可能なら……**

　行ったときはサンプルを切ってもらって、半分を工場、残りは自分で保

管します。サインペン等で日付とお互い（工場と自分）のサインを書き加えておくことも重要なポイントです。取扱説明書、パッケージ、カートンマーク、シッピング等はT2以降の指示でも間に合いますが、今回の出張で下話を済ませておくことをお勧めします。

出張の締め

　さて、いろいろな要求や確認がありました。会議室のホワイトボードに箇条書きしていきましょう。課題案件名→修正方法→修正上り時期　の順です。簡単なものでも20行くらいにはなると思います。どんな細かなことでも省略せずに書き留めます。

　言語は何でもOKです。ほとんどは名詞と数字（寸法、日取り等）だと思います。ポンチ絵も多用してください。

　嵌合等、曖昧になりやすい事項は、工場内に転がっている他社サンプルから具合のよいものを選んで「限度見本[7]」としてください。曖昧な表現は絶対に通じません。「お任せ」もダメです。

　以下の列のように部品別に要求事項を箇条書きしておきましょう。

● **樹脂成型**
　アッパーカバー：ビス部のヒケ→成型条件で追い込み（限度見本作成）
　フロントプレート：形状変更→打ち合わせ図面の通り、3Dプリント提出
　本体：電池挿入部→修正（－1mm）
　電池蓋：嵌合調整→振って開かないこと
　側板：ボス穴[8]→修正（－0.2mm）
　以上の修正サンプル提出mm/ddまで

● **プリント基板**
　PCB：回路変更に伴うアートワーク変更、シルク版変更（打ち合わせ図面の通り）

---

[7]　限度見本：良品、不良品の判定が難しい場合に設定するサンプル。限度見本は2つ作って、工場、発注側双方で1つずつ保管する。
[8]　ボス穴：プリント基板などをねじ止めするためのパイプ状の受け穴。

PCB：ガイド穴→追加2ヶ所
　　抵抗2本：10kΩ→22kΩ（変更）
　　電解コンデンサー：470μF（追加）
　　修正サンプル（実装済み）提出mm/ddまで

● **メタル部品（シャフト、プレス、スプリング等）**
　　シャフト：φ2×10mm→φ2×12mm（変更）
　　　　　　　クローム→ニッケル（メッキ変更）、メッキ厚確認
　　プレス：リン青銅→バネ用SUS（材質変更）
　　スプリング：材質形状OK、3個→4個（追加）
　　修正サンプル提出mm/ddまで

● **安全性**
　　食品安全検査依頼：（ST基準[*9]相当）、OEM会社に依頼
　　費用見積提出mm/ddまで

● **アクセサリー**
　　付属品：プラ部品、ネジ2本、ポリ袋
　　取扱説明書：版→修正原稿
　　提出mm/dd（日本から）

● **梱包**
　　カートンマーク：原稿提出（日本から）
　　提出予定mm/dd

● **スケジュール**
　　日程表：修正→OEM会社作成
　　提出mm/dd

[*9]　ST基準：STはSafty Toyの略。日本玩具協会が管理している玩具の安全に関する基準。この項では、乳幼児がなめた場合を想定した、重金属等の摘出検査のこと（167ページ参照）。

● **持ち帰り課題**

　　JANコード：検討（日本から）
　　回答mm/dd

　出張時の仕事は、T1の課題とその他商品化に必要な課題を解決することにあります。

　各部品ひとつひとつについて、変更があればその内容を明確にして、ホワイトボード上に書いて情報共有します。すべての課題には解決時期を明記します。最後に、サインが済んだら、ホワイトボードの写真を撮っておきます。このとき、先方のエンジニアか社長など、責任者との握手写真もお忘れなく。撮っておくと一種の証拠になります。

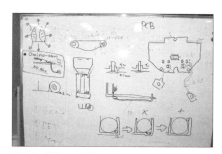

図7-8　最終チェック後のホワイトボード

図7-9　最後に責任者と握手

　帰国の時間になりました。積み残しの課題はありませんか？

　判断を必要とする課題は、帰国日の前日までに必ず片付けておきましょう。飛行機の時間が決まっている最終日に判断業務を残すと、工場側が、その日に課題の代案を出して、承認を迫ることがあります。私はこれを「時間切れ作戦」と呼んでいます。これにはまると、間違った判断をしてしまう可能性が高くなります。

　判断することは、品質だけではありません。納期、費用は密接に絡んでいるので、トータルで判断することが必要になります。飛行機の出発時間を気にしながら正しい判断ができるわけがありません。大切なことは帰国日前日までに決めましょう。

　以上で、何とか出張作業が終わりました。帰りの飛行機でおいしいビールを飲んでください。

COLUMN

大岡裁き「三方一両損」

　さて、実際に中国工場で金型を作り始めるとさまざまな課題が出てきます。慎重に設計したつもりでも、必ず何かが起きると思って間違いないでしょう。課題・問題が発生した場合、その解決には、現地エンジニアの経験と勘に頼る必要があります。彼らから出てきたアイデアや対策を正しく理解し、その実施を判断する力量が必要になります。そのために、最低限の金型ノウハウや専門用語を知り、同じ土俵に上がる必要があります。

　場合によっては、どこに瑕疵があったかわからず、金型の費用アップを承認せざるを得ないこともあります。

　打ち合わせの結果、三者（発注者、OEM会社、工場）に同じような負い目があった場合、たとえそこが中国でも、日本の「大岡裁き『三方一両損』」が使えます。

　金型代のアップ分は、発注者、OEM会社、工場の三方で一両ずつ持とう、という決断です。

　量産には変更があるのは当たり前。変更費用はすべて発注者が支払わなければならない、とは限りません。設計から量産までは、さまざまな確認や承認を行いますが、結局は行き違いの積み重ねだった、ということは残念ながらまま起きます。変更は三者それぞれに責任があると考えましょう。

　ここは初心に戻って、「よいものを、安く世に出したい」といった「志」を、三者で確認し合いましょう。責任のなすりあいでは、よいものは生まれません！

中国ではごはんが大事

　現地での製品チェックの際は、工場のスタッフやOEM会社と頻繁にコミュニケーションを取ることになりますが、重要なやりとりが工場の外で行われることも少なくありません。それが食事のときです。工場の会議室で決まらないことが食事の最中に決まることはままあります。

　欧米流にいえば、ビジネスランチやビジネスディナーとなりますが、あからさまに「ビジネス」とは言わないので、わかりにくいところです。しかし、中国出張時の関係者との食事は、たとえアルコールが入っていても「仕事」と考えたほうが無難です。

　こちらはあくまで発注者なので「お客さん」です。接待される側なので、常に注目されていることを意識しましょう。和やかに談笑している最中でも彼らはあなたを見ています。偉そうなそぶりは厳禁ですが、「さまざまな判断をするために私たちは来ました」といった雰囲気を伝えましょう。

● **夕食時の心得**

　緊張を強いられる工場でのやりとりの後ですから、夕食時はつい気が緩みがちです。本場の中華料理はおいしいし、お酒も進むし……。しかし、これはこれで工場での製品チェックとはまた違う真剣勝負です。「飲まれたら負け」。それぐらいの意識で、変に乱れたりせず、親しげなやりとりの最中も毅然としていられるように身をつつしみましょう。

　夕食時は独特の流れが彼らにはあるので、具体的にお話ししたいと思います。

　工場出張中、夕方になると、スタッフから夕飯の希望を聞かれます。たとえば「広東料理」「四川料理」「湖南料理」「北京料理」「上海料理」等々。各地方の料理の他、「海鮮料理」「韓国焼肉」「ステーキ」「日本料理」「焼き鳥」「火鍋」等々、いろいろ聞いてくるでしょう。よくわからなければ「お任せ」でよいと思います。何となく決まって、車で連れていってくれます。

　業務打ち合わせのとき以上に熱心に食事のことを聞かれるので、日本人としては奇妙な感覚を覚えますが、中国の方にとって「食事」こそがコミュニケーションと言ってもよいくらい大切なものです。よほどの事情がない限り食事を断らないようにしましょう。昼間決められなかった課題が解決できるチャンスでもあります。

お店は、日本の中華レストラン同様、回転台付きの円卓が多いです。来た料理をみんなでシェアする中国料理にはたいへん合っていますが、発祥は横浜の中華街だといわれています。ただ、彼らは中国での発明と思っているので、余計なことは言わないほうが無難です。

　個室になることも少なくありません。

　個室では、上座はドアの逆側の奥になります。先方から言われるままに座るとよいでしょう。

　入口脇に個室専用トイレがあったり、雀卓があったり、大きなソファがあったりと、豪華なつくりだったりします。いちいち驚かないで、ゆっくりと間を置きながら座りましょう。

　座る順は、こちらの隣から、工場の社長（フランクな中国語では「老板（ラオバン）」といいます）、秘書、OEM会社とその中国事務所の担当、エンジニア、工程管理・資材管理の担当者等が座ります。

　一番遠いところには知らないメンバーがいたりします。昔は多かったのですが、今はこぢんまり（10名程度）とした会食が多くなりました。

　たぶんですが、知らないメンバーは単にご相伴に来た工場の方です。おいしい料理を食べに来ただけだと思います。翌日以降、顔を合わせることがない人たちだったりします。残った料理をテイクアウトして彼らが持ち帰ることも多いようです。

　注文は、たいてい社長が行います。社長がいない場合は、副社長クラスか、OEM会社の中国事務所の担当が行います。最後にお金を出す人も同じです。

　注文は日本同様に飲み物から決めることが多く、最初にこちらの要望を聞かれます。「ビール」や「紹興酒」等を頼めばよいですし、わからなければ先方に任せます。

　このときに「私はたくさんお酒が飲めます」的な雰囲気を出すのはやめたほうがよいと思います。日本で相当飲める方も、中国では普通の人です。彼らは、基本、底無しですから。墓穴を掘るような態度は控えましょう。

　飲めない場合は、その旨をハッキリと伝えましょう。ソフトドリンクを手配してくれます。

　料理は特に希望がなければ先方に任せますが、「餃子」「白菜炒め」「小籠包」等、知っている料理で希望を伝えたほうが親密度が上がります。1品くらいはリクエストしてみると、その場の雰囲気がやわらぎますね。

食事のみならず滞在中全般にいえることですが、生水、氷には十分注意してください。現地の人には問題なくとも、日本人にはあたるということはよくあります。あたるときは水割りの氷でもあたります。刺身や寿司も避けたほうがよいと思います。昔に比べれば水もナマ物もだいぶ良くなりましたが、備えあれば憂いなしです。

図7-10　食事前には食器を自分で洗う場合も

　最初、料理が来る前にピーナッツやメンマ、その他キュウリの漬物のようなものが出てきます。前菜とも言い切れない、おつまみみたいなものです。これが出てくるときは、たいてい料理待ちの時間です。特に話題もなく、間が持たなかったりします。

　中国では基本、お客さんが箸をつけないと誰も食べられないので、積極的に取りましょう。少しでもよいです。箸をつけることが大切です。

　ピーナッツは箸で何個つまめるかを競うことがあります。事前に練習しておくのも余興に効果的です。一度に4個以上つまめれば、一瞬にしてヒーローになれるでしょう。よいアイスブレイクになります。

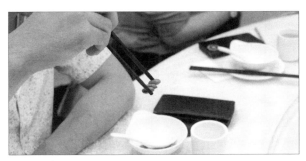

図7-11　食事の余興にピーナッツつかみ

日本ではあまり見かけない鳥の脚先（いわゆる「もみじ」）が出てくることもあります。見た目に一瞬ギョッとしますが、食べると意外においしかったりします。骨ばかりでしゃぶるしかないのですが……。この話題もアイスブレイクになります。
　お酒が行き渡ると「乾杯」が始まります。
　本当の中国式では文字通り杯が空になるまで一気に飲むのですが、最近はそこまで強要されることはありません。自分のペースで適当に付き合ってあげてください。
　その後も「〇〇さん、乾杯しましょう」と社長さんあたりから言われることがあります。これも快く付き合ってあげましょう。ただ、何回もやられるとたちまち酔ってしまいます。
　乾杯を避けるひとつの方法に、コップのお酒を満杯状態にしておく、というのがあります。彼らには、日本語でいう手酌という概念がなく、目上の人やお客さんが飲まなければ、自分たちは飲めません。そのため、こちらに乾杯を仕掛けてくるケースもままあります。このへんの心情をうまく汲んで、飲みたそうな人がいればこちらから乾杯を持ちかけるのも仲よくなる手です。ただ、これも自分の酒量を考えてほどほどに。
　その昔は、「乾杯」の応酬が結構激しかったものです。特に台湾系の工場は飲みの多さが歓迎度とつながるようで、きりがありませんでした。
　今も工場によってはその風習が多少残っていますが、昔ほどではありません。翌日に残らない程度に合わせておけばOKです。
　中国語、英語が苦手な方は、どうしても「乾杯」で間をつなぐことが多くなります。深酒には注意してください。
　ある程度話せる方は、積極的にコミュニケーションを図りましょう。料理のこと、家族のこと、趣味などが話題としては無難です。
　料理の話題のひとつに、私は「鳥の頭」というネタをよく使っています。中国では食事中に鳥の頭を向けられたら、クビの合図となるのだそうです。料理に出てきたら、この話題を振ってみます。同じくイカの炒め物にもクビの意味があるようです。使用人がクビを宣告されると、布団を巻いて家を出て行くのですが、その巻いた布団がイカを炒めたときの姿に似ているところから来ているようです。
　そうこうしているうちに、突然、仕事の話になったりします。そんなときは「来たな」と思って、態度には出さず、心の中でいったん酔いを振り

払います。

　気が大きくなって、生産量や原価高要求を承諾しないように注意してください。逆に言い出しにくいことがあったら、よいチャンスですので、社長にでも関係者にでも、言いたいことを伝えてください。多くは、安く、納期を詰めてもらう要求になろうかと思いますが、それと引き換えに、品質・仕様のダウンを了解しないよう注意してください。お互い酔ってはいても真剣で切り結んでいるのだと自覚してください。

　テーブルの食事がなくなっても宴が終わるとは限りません。がんばって残りを食べ尽くしても、すぐ次の注文が出てきます。宴は必ず食べきれない状態で終わります。

「食べきれないほどの料理を出しました」というのが、彼ら流の正しい接待なのです。その意味で、少し残すのが礼儀です。

　フルーツ（たいていはスイカです）が出てきたら「これで料理は終わり」の合図です。このタイミングでお開きとなります。

図7-12　関係スタッフと円卓を囲む

　個室に入ってここまで約2時間から3時間。4時間以上なんてこともあります。基本、食事に時間をかけるのが中国流です。

　支払いは先方がすべてやってくれます。散々飲み食いした上に、すべて出してくれるのでたいへん申し訳ない気持ちになります。せめて自分たちの分だけでも、と思い、出そうとしても彼らは受け取りません。

「私にも払わせてください」

「いやいや、お客さんに払わせるなんて」

　言葉はよくわかりませんが、態度で意志は通じるので、こんな感じのや

155

りとりがあったりします。日本人的には美しいやりとりに思えますが、そうではありません。

　今日彼らが支払ったお金は、確実に製品代にオンされています。その意味では、むやみやたらと高い料理やお酒を自ら頼む、カラオケ等２次会へ行くのは自殺行為です。

　また「食事は質素でいいから、その分製品代を安くして」というのもマナーに反します。文化の違いと割り切りましょう。たとえ本当はこちらの自腹だとしても、食事が終わったら感謝の意を伝えればよいのです。

　ホテルに帰ったら、翌日の工場でのチェック作業と冷静な判断ができるよう、体調維持のため十分な睡眠をとってください。酔いがさめているようなら、食事中に出た仕事の話をメモしておくとよいでしょう。翌日、今度は正式な会議の場で確認します。日本人なら「あれは酔っ払っての発言だ」と逃げられそうですが、彼らは非常によく覚えています。「やはり中国では食事は仕事なのだ」とつくづく思います。

COLUMN

昼食時の心得

　昼食は夕食ほどものものしい感じにはならないでしょう。工場では、営業、エンジニア等で少数で食べます。たいてい、社長はいません。

　テイクアウト（てんやもの）の場合、注文を取りに来た工場のスタッフに、「チャーハン」「焼きそば」「ハンバーガー」等頼めばOKです。よくわからなければお任せすれば大丈夫。

　届いたら、テーブルに新聞紙等を敷いてその上に並べてくれます。特にみんなで「いただきます！」のような習慣はありません。

　スープは微妙ですが慣れればまずまずおいしいです。ただ、レンゲ、コップ等は日本よりだいぶプラスチックの肉厚が薄くて、クニャッとして食べづらい感じです。二重にすると何とか使えます。食べ終わったゴミは部屋の隅に置くか、ゴミ箱があればそちらに。分別の習慣はまだないようですが、状況に合わせて処理しましょう。

　外食をする場合は2時間は覚悟しておきましょう。昼食とはいえ、外に出ると中国流で長いです。

　工場内での未確認事項が残っていて進行に不安がある場合は、外食は断って、テイクアウトにしてもらいましょう。

図7-13　工場でのテイクアウトの昼食

出荷と輸出入

　出張の最後にたいてい出荷と輸出入に関する打ち合わせがあります。工場から製品を出荷し、無事に日本の倉庫に納めるには、輸送と輸入、つまりシッピングや貿易に関する諸手配を事前にしなければなりません。

　コンビニ等で買い物をするときは、店頭で「100円」を出して、「あんパン」を受け取ります。貿易も基本は同じですが、途中に海があったり注文から納品までの時間がかかったりで、取引中に「100円」や「あんパン」が紛失する可能性があります。そのため、ものの移動（発送〜納品）に対してリスクを少なくするような仕組みと独特の用語があります。知らないと輸出入ができないので、下の図と照らし合わせながら、ぜひ覚えておいてください。

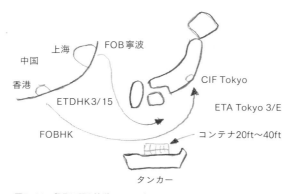

図7-14　貿易用語と輸送のイメージ

● **FOB（Free On Board）：本船積みこみ渡し**

　工場側が貨物を積地（たとえば香港）で本船に積みこむまでの費用（工場から港までの運賃を含む）およびリスクを負担し、それ以降の費用（船賃、海上保険料、輸入課税、通関手数料等）とリスクは輸入者側が負担するスタイルです。

　具体的には、「FOB香港（あるいはFOB寧波[*10]）でお願いします」のように連絡します。

[*10] 寧波：上海にほど近い、長江・珠江の両デルタ地帯にある港。中国でも有数のコンテナ量を誇る。

自分たちが発注者（輸入者）だとすると、FOB○○と工場の出し値をいわれたら、そこに輸入費用をオンした金額に読み替え、製造原価としてください。

● **CIF（Cost, Insurance and Freight）：運賃・保険料込み**

工場側が貨物を東京港や大阪港で荷揚げするまでの費用（船賃、海上保険料等）を負担し、東京港や大阪港以降の費用（輸入関税、通関手数料を含む）は輸入者が負担します。

ただし、リスクは貨物が積地（たとえば香港）で本船に積みこまれた時点で移転します。この点ではFOBと同じです。

具体的には「CIF東京（あるいはCIF大阪）でお願いします」のように連絡します。

CIFでお願いしたほうが、船賃、海上保険料の面でお得な感じがしますが、製品単価はその分高くなりますので、大きな違いはありません。FOBのような読み替えは不要ですが、結局のところ輸入に関するすべての費用は輸入者側が払うことにかわりはありません。

● **ETD（Estimated Departure Date）、ETA（Estimated Arrival Date）**

これも輸出入時によく聞く用語ですが、意味は単に船が積荷を積んで出港する日（ETD）と到着する日（ETA）を表しているにすぎません。「ETD香港○月×日、ETA東京□月△日」みたいな使い方をします。意味は「○月×日に香港をたち、□月△日に東京に到着予定」ということです。ただETAはあくまで予定ですので、結果的に変わることもあり得ます。また、通関（輸入関税や通関手数料など貿易に関わる支払いと手続き）があるため、ETAの日がそのまま納品日になるわけではありません。

● **コンテナ**

輸出入時のものの総量はコンテナが単位になります。「40ft（40フィート＝12m）コンテナ1本」や「20ftコンテナ1本」という言い方をします。

たとえば、ティッシュの箱3個分くらいの大きさの箱入りガジェットを1万個ぐらい輸入するなら「40ft（40フィート＝12m）コンテナ1本」という言い方になります。売上規模でいうと、大雑把に言って、中国工場に10万米ドルくらい支払い、日本の売上で5,000万円から1億円くらいのビジネ

スと考えて、まずまず合っていると思います。商品ロットが1,000以下だとたとえ20ftでも貸切のコストが見合わないので、その場合は混載[*11]となります。

● **乙仲（おつなか）**

　専門用語の代表選手みたいな聞きなれない言葉ですが、船による輸出入の場合、頻繁に出てきます。「海運貨物取扱業者」のことで、港湾荷役、通関などを代行してくれます。forwarder（フォワーダー。国際輸送を扱う貨物利用運送事業者）の一種です。名前の由来は、戦前の海運法にあった「乙種仲立業」という用語にあるようです。一定規模の輸入の際は、必ず依頼する業者となります。

　最低限知っておくべき、通常の出荷と輸出入に関わる事項は以上の通りです。少量生産の場合、別の方法が可能です。詳しくは、9章で改めて紹介します。

[*11] 混載：製品量が、コンテナ1本（40ftまたは20ft）に満たない場合、混載となり、他の貨物といっしょにコンテナに入れられる。

8 章

安全への配慮と知的財産

「作品」を「商品」にするには、
品質や機能、価格などが大事なのは言うまでもありませんが、
これらよりさらに重要な事項があります。
「安全」です。
安全が担保されない商品は成立しません。
各種法律や規制とも密接に関係しています。
法律に関していえば「知的財産」も大きな課題です。
ハードウェアスタートアップとしてビジネスを行うにあたって
最低限持っておくべき知識をまとめてみました。

安全・安心から見た設計

　設計が一段落したところで、安全・安心の観点からをもう一度製品を見直してみましょう！

　発火の危険はないか、ケガにつながるような箇所はないか、子どもが誤飲するおそれがないかといった、企画のときとは別の視点でチェックします。可能性が見つかれば、事故が起きにくい構造や仕組みに変えることが必要です。

　また、万一の事故が発生した場合に備え、関連する想定実験等を重ね、安全性の確認を済ませておく必要があります。

　以下の事例や注意事項に自分の商品が合致しそうな場合、特に注意が必要です。

● 電源から見た注意事項

　− AC100V
　　感電・発熱等、大きな事故の可能性があります。安全性の確認が必要

です。

─ ACアダプター

AC100Vを使いますが、限定的なので上記に比べるとやや安心感はありますが、やはり安全性の確認が必要です。

─ リチウムイオン電池

電池単体での発火の可能性があります。扱うには十分な経験が必要で、充電回路や電池電流制限回路に不具合が発生した場合に備え、一定時間でのオートカットオフ機能やヒューズの追加が必要になる場合もめずらしくありません。電池容量が大きい場合、電気用品安全法（167ページ）の規制対象になります。

─ 充電電池、ニカド電池等

リチウムイオン電池に比べると電流が弱い分、少し安心感があります。しかし、ショートすると細いリード線なら発火もありえます。トイ業界では、回路にヒューズを入れるのが普通です。

─ アルカリ電池

ショート状態が長く続くと熱で電池ケース（ABS等）が軟化したり、変形したりすることがあります。トイ業界では、回路にヒューズを入れています。また、電池のマイナス接点部で特異なショートが発生することもあります。電池のマイナス接点の形状に注意が必要です。［図8-1］

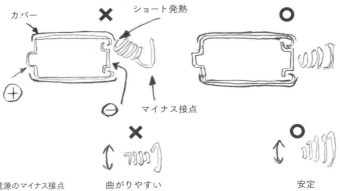

図8-1　電源のマイナス接点

● 素材から見た注意事項

― 塗装

毒性の高い塗料もあります。塗料メーカーの試験データを入手して確認しておきましょう。また、食品検査証明書（166ページ）の取得が必要になる場合もあります。

― 木工品

カビの可能性があります。船に積みこんだ場所（たとえば香港）では問題なかったものが、航海中の温度・湿度変化等で日本に着いたらカビだらけだったということもあります。木工品を使う場合は、実績のある専門業者との取引が必須です。

● 乳幼児の誤飲・誤嚥（ごえん）の可能性から見た注意事項

― 飲み込み事故の基準ゲージ

直径44.5mmのゲージと、直径31.7mmの円柱を、高さが上から最長57.1mm、最短25.4mmのところで斜めに切った形の円筒が使われます。これを通過しないことが条件となります[図8-2]。

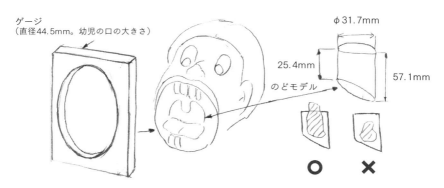

図8-2　乳幼児の誤飲・誤嚥に対する安全基準

― ボタン電池

特にリチウム電池は電圧が高いので要注意です。使う場合、乳幼児の手の届かない場所に保管することが原則です。取扱説明書にも注意を促

す記載が必要です。

- **電子部品**

誤飲のおそれがあるような、乳幼児が飲み込める大きさの電子基板の場合、胃液成分の数倍の試薬で溶出試験を行い、成分分析をします。食品検査証明書の取得も必要です。

● 商品の使用方法から見た注意事項

- **火を使う商品**

蒸気エンジン模型等の場合、取扱説明書にも注意を促す記載が必要です。

- **刃物を使う**

解剖教材、昆虫・植物の採集や標本作り教材等の場合、取扱説明書にも注意を促す記載が必要です。

● 外傷の可能性から見た注意事項

- **プラスチック部品のバリ**

生産ラインでしっかりはねるよう、生産管理の担当者に指摘します。

- **メタル部品のエッジ、ささくれ**

「ガラ」[図8-3]を使う、製造ラインでしっかりはねるなど、生産管理の担当者に指摘します。

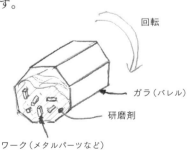

図8-3　メタル部品などの研磨機。通称「ガラ」

以上、さまざまな注意事項を提示しましたが、事故が起こる可能性があることを認識して、対応方法をよく考え、事前実験を済ませておく必要があります。

安全のための法規や規制について

　以下は、おもちゃ、模型、教材、文具等の安全のための法律や規制の内容です（詳細はネットや各機関のWebページで調べてください）。

　これらの法規、規則は、あくまで最低限守ってもらいたいという趣旨だと思います。商品化の際は、より安全に配慮を心掛けることが大切です。さまざまな方向から事故の可能性を想定し、問題があれば必ず対策を講じてください。

● 製造物責任法（PL法）

　製品を市場に出すということは、その製品に対する責任が発生します（製造物責任。PL：Product Liabilityともいいます）。関係する法律にPL法（製造物責任法）があります。

　設計自体に問題がある場合、設計上の欠陥となります。また、製造物が設計・仕様通りに製造されなかった場合、製造上の欠陥となります。

　取扱説明書に危険に関する適切な情報の記述がされなかった場合（一般に取扱説明書等の最初の数ページにわたって記載されています）、指示・警告上の欠陥となります。これらの製造物の責任に関わる欠陥があった場合、罰則を受けます。

　特に発火、ケガ、誤飲等の事故にはいくら注意しても注意しすぎるということはありません。慎重すぎるくらいでちょうどよいと思います。初めて自分の商品を市場に出す方も多いと思います。まずは、企画は安全第一を旨としてください。

● 食品衛生法

　乳幼児用玩具の輸入通関手続きには、食品衛生法に基づく検査に適合した旨を示す報告書（食品検査証明書）が必要です。検査内容は、乳幼児がなめた場合の安全性試験等です。

> ⚠ **注意（ちゅうい）** 　使う前に必ずお読みください。
>
> ●安全のため、組み立て方・使い方、注意をよく読んでから実験してください。
> ●小さな部品があります。誤って飲み込まないように注意してください。ちっそくなどのきけんがあります。
> ●とがった部品の取扱には十分注意してください。けがをするおそれがあります。
> ●破損・変形した部品は使わないでください。
> ●実験後は電池をはずし、小さい子の手のとどかないところにしまってください。
>
> ★単四乾電池3本を使います。電池は間違った使い方をすると発熱・破裂・液漏れを起こすことがあります。下記のことに注意してください。
> ●プラス・マイナスを正しくセットしてください。
> ●万が一、電池から漏れた液が目に入った時は、すぐに大量の水で洗い、医師に相談してください。皮膚や服についた場合は、すぐに洗ってください。
> ●実験後は電池をはずしてください。

図8-4　PL法に基づく取扱説明書の表記の例

●電気用品安全法

　電気用品による危険及び障害の発生の防止を目的とする法律です。「電気用品を対象として指定し、製造・販売等を規制するとともに電気用品の安全性の確保につき民間事業者の自主的な活動を促進する」となっています。商用電源AC 100Vや、大きな電池容量のリチウムイオン電池を使う場合、この電気用品安全法に従い、PSEマークの取得が必要です。試験の内容は、主に感電や発熱に関わるものです。

図8-5　PSEマーク。左が特定電気用品（電動式おもちゃ、電気マッサージ器など116品目）用、右が特定電気用品以外の電気用品用

●玩具安全基準STマーク

「社団法人日本玩具協会」指定の検査機関で、鋭さや燃えやすさなど多岐にわたって検査が行われます。そして、合格したおもちゃにのみ表示が許されています。

図8-6　STマーク

● EN71規格

　海外での販売を目指している場合、国や地域ごとに安全性に関わる法律やルール、規制などがあります。その場合、基準に従って検査を行う第三者機関によって安全性を確認してもらう必要があります。先方国の要求に応じて、取得を要求されるものもあります。

　EN71規格（欧州規格）はそのひとつで、「玩具の安全性」に関するEU加盟国の規格です。

　Part 1から13に分類されており，Part 3は「特定元素の移行（Migration of Certain Elements）」として，玩具中の重金属類が，接触や誤飲により健康に影響を与えるレベルで含まれているか否かを調べる溶出試験です。

　CEマークを表示した製品は、EU加盟国共通の安全基準であるENをクリアしていることを示します。おもちゃに関する安全基準はEN71ですが、その安全要求に合致した場合のみ、製造者はCEマークを製品に付けることが許されています。中には「CEマークが付いていない製品は輸入しない」という国もあります。

図8-7　CEマークのついたおもちゃのパッケージ

● ASTM規格

米国の玩具に関する規格で、これに適合したトイが米国で販売可能となります。世界最大規模の標準化団体であるASTM International（旧称：American Society for Testing and Materials：米国試験材料協会）が策定・発行する規格です。主に工業材料規格と試験法規格からなっています。

以上の各試験は、必要に応じてOEM会社が代行してくれます。通常は、「食品検査証明書」だけは発注者側で取っておく必要があります。
日本以外に輸出する場合は、EN71規格、ASTM規格の取得も必要になります。
1件につき、500～1,000USドルくらいの費用がかかります。その都度の見積となりますが、安全性のためですから、避けるべきではありません。海外での販売を考えているなら予算時に見積もっておきましょう。

知的財産権とコピー品

ある人が、自分のアイデアを商品化しようとしたのに、さえない結末を迎えました。こんなお話です。

よいアイデアを思いついた。すぐ商品化して大儲けしたい！　しかし待てよ！　このアイデアを誰かに話したら、独り歩きしてどこかの国で商品化されたりして。大金持ちになるネタだったのに、こっちには一銭も入ってこないなんてことになりかねない。危ない危ない、誰にも話さないでこっそり試作しよう。やっと試作品ができた！　あまりの出来の良さに、彼女にだけこっそり見せた。記念写真だといって何枚も写真を撮ってくれた。うれしい～！　数日したら写真がネット上にあがり、瞬く間にいろいろなサイトで露出。誰が考えたのか、うまいネーミングまで付いている。2ヶ月したら、タレントさんが使っている写真も見かけるようになった。なんで俺の試作品、持ってるんだー！　あれれ！　3ヶ月も経たないのに店頭に並んでいる。手に取って裏を見たらなんと「特許出願中」ガーン！　「うまいネーミング」が気になる。ちょっと調べてもらったら、なんと「商標登録」までしている可能性があるらしい。やられたー！

笑い話かもしれませんが、秘密保持契約、知的財産権等について、最低限の知識を知らないとこんな事態になりかねません。ご紹介しておきます。

● 秘密保持契約

NDA（Non Disclosure Agreement）とも呼ばれ、営業上の秘密や個人情報など、業務に関して知った秘密を第三者に開示しないとする契約のことです。

ひらたく言うと「商品化のアイデアを誰にも言わないでね！」ということです。契約先は試作屋さんやモック屋さん、図面を外注するなら外注先。そして、海外コピーを抑えるためにOEM会社とも契約しておきましょう。

契約のタイミングは、図面やサンプルを渡す前になります。

OEM会社は慣れていますので、申し出れば秘密保持契約書のひな形もすぐ出てくると思います。

● 知的財産権

知的財産権に関係する権利としては、以下のようなものがあります。

― 特許権
特許権者に発明を実施する権利を与え、発明を保護する

― 実用新案権
物品の形状等にかかる考案を保護する

― 意匠権
工業デザインを保護する

― 商標権
トレードマーク等を保護する

上記4項目を「知財四権」といって、さまざまな知的権利を守ってくれる仕組みになります（詳しい法的な権利・保護等は、関係機関のサイト等をお調べください）。

各権利の申請は、もちろん個人でもできますが、請求範囲の解釈が複雑

で、慣れない言い回しが多く、ここは「○○特許事務所」等の専門家に代行してもらったほうがよいかと思います。個人申請の特許出願料は14,000円です。

ただし、特許事務所によって、案件の得手不得手があります。依頼する場合は、商品の機構やコンピュータを使った処理手順が得意な事務所に頼むのが無難です。

アイデアの内容を示した文書と商品説明・原理説明のためのポンチ絵等を携えて、権利取得に関する見積をお願いしましょう。

権利化したい内容を説明する際、事務所の方の顔色の変化を見逃さないようにしましょう。突然質問が多くなったら「脈あり（つまり権利が取れる）」のサインです。何としても申請までこぎつけましょう。事務所の方は何度も同じような案件を見ています。率直に、持ちこんだアイデアに対する感想を聞いてみるのもよいかと思います。

早ければ1週間ほどで「たたき台」ができてきます。内容を確認してOKなら、進めてもらうことになります。出願代行の場合（特許事務所に依頼すると）10万円以上かかります。

外国での知的財産権出願を希望する場合は、独立行政法人日本貿易振興機構（ジェトロ）等が窓口となっています。海外での知的財産活動費は高額のため、申請費用の支援を受けることができ、半額は助成してもらえます。

● **コピー品に関する問題**

まず、どんな商品がコピーされやすいか、考えてみましょう。

・内容が面白い
・実売数が多い
・初期ロットが大きい
・問い合わせが多い
・売り切れ、増産回数が多い
・ネットでの売れ筋ランキングが上位
・ネットでのカスタマーレビュー数が多い

コピーする側の立場から考えると、人気があって（購買者が多い）実売数が多い（実績がある）商品をコピーしたい、と考えるでしょう。しかし、コピー

元と通じていない限り、これらの情報入手は難しいですね。

　ネット通販から「売れ筋ランキング」「カスタマーレビュー数」くらいの情報は取れるでしょう。ただ、カスタマーレビュー数は不平不満も混ざっているので、それぞれの内容を読み解く必要があり、やや面倒ですね。売れ筋ランキングもひと癖あって、初動が大きい「瞬間上位」の場合と、「1,000番くらいで安定」している製品があります。どちらの実売が大きいか判断に迷うところです。

　初動が大きい瞬間に上位型をコピーしても、発売にこぎつけた頃には市場が冷えていることもありますね。コピー屋さんはコピー屋さんで、難しい判断を迫られるわけです。

　コピー品について、もう少し考察してみます。

● コピーと知財四権の権利取得、どちらが早い？

　コピー品に使われる購入部品は、電子部品、汎用のネジ、ナット、シャフト等になります。ほぼ間違いなく、安いコンパチ品などが選ばれています。たとえば、MCU、ソケット、モーターなど高額部品は、オリジナル品と同じものはまず使いません。われわれが見たこともないような部品を探してきて組み付けています。凄腕のサプライヤーがいるに違いありません。

　コピー品は、サンプルがあれば3ヶ月（90日）でできるそうです。私の経験では、夕方に金型の修正依頼をかけたら、翌朝までに終えてくれた工場もありました。それを考えれば、90日はまんざら大げさでもないスピード感です。

　一方、特許権等の権利化にはどんなに早くても1年以上かかります。それまでは「特許出願中」（「真似しないでね！」という意味）を標記するしか手はありません。「特許出願中」があるのに、真似して売ったとすると、権利化になってから特許侵害で賠償金を要求することはできます。

　コピー屋さんは、コピーに関しては善悪どちらでもない考え方を持っているようです。往々にして「上手にコピーできたでしょう！」といって、自分のコピー技術を誇る傾向にあります。
「コピー商品をなくそう！」という運動は、もっと高いレベル、高い志で国を挙げて行う活動のように思います。一個人、一企業では手の打ちようがありません。

　ドイツのニュールンベルグで行われる世界的なトイショーなどでは、EU

の人たち専用で域外の人は入れないブースもあります。コピーされたくないという考えのようです。
　日本のトイショーでもブース内展示品（参考出品など）をなめるように見て、無断で写真を撮っていく外国人がいるのも事実です。
　こちらの発売より早くコピー商品が出てきて、挙げ句の果てに相手国のコピー屋さんから警告や訴訟まで起こされてはたまりません。
　実はガジェットに限らず、昨今の情報やものづくりのスピード感は半端ないのです。前述したように、90日でコピー商品ができてしまう現状を考えると、知的財産権を取得し、主張する頃には、市場は冷えて次の商機を見すえている時期になっているやもしれません。「利益も出ないのに延々と訴訟でもないだろう」という意見もあります。
　どうするかは個人の判断に委ねられていると考えるしかなさそうです。
　大雑把な目安ですが、出荷15万台を超えるとコピー品が出るようです。私個人の考えとしては、コピー品は悔しいですが、「コピーされるくらい良い商品を作った」とポジティブにとらえ、次の商品づくりへ向けた自信にします。

9章

少量生産の極意

これまで、量産といえば、最低でも
5,000、10,000のロットがなければできない、
というのが常識とされてきました。
これ以下では単価が高くなってしまいビジネスにならないからです。
ひと昔前は確かにそうでしたが、
今は1,000、2,000、場合によっては1,000以下で量産できる方法があります。
ノウハウをみなさんに伝授します。

高付加価値のものづくり

　ユーザーがものを買うとき、そこに何を求めているでしょうか？
　第一にニーズを満たしてくれる機能であり、第二に入手可能な価格でしょう。品質と価格はものづくりの世界でユーザーの利益を考えた場合の必要最小限の要件です。
　「てっとり早く売上を上げるには、数を多く売ればいい。そのためには便利で役立つものを安価で……」
　発想としては間違っていません。多くの人がそうしたマーケットを狙って商品企画を考えています。必然的に競争率も高くなり過当競争が激化することもあります。
　一方で「贅沢品」というカテゴリーがあります。「良い品をできるだけ安く」ではなく、「高くてもいいから最高の品を」というニーズです。必然的に「おしゃれ」や「豪華」といった言葉がキーになります。こういった高付加価値製品を作るとき、量産化のポイントは一般的な耐久消費財の製作とは異なります。どういう過程を経て作られていくか、具体的に説明しましょう。

●「トヨタ2000GT」に見る付加価値の力

しばらく昔話にお付き合いください。

1964年の東京オリンピックや東海道新幹線開通などによって、日本中が沸いた高度成長期。庶民の交通の主役は自動車となり、マイカーブームが到来しました。各社から1,000ccクラスの大衆乗用車が続々と量産されました。

そんな中、1967年に登場し、大ヒットとなった車が「トヨタ2000GT」。当時の販売価格は約240万円。サラリーマンの初任給が3万円以下のときの話ですから、いかに高嶺の花であったかがわかります。同クラスの高級国産車のなんと2倍の価格となる高級スポーツカーでした。

図9-1　トヨタ2000GTのプラモデル

2倍の価格ということは、コストも2倍が許されるといえます。少なくとも作り手はそう解釈し、随所に高級部品を使いました。どこまで高い付加価値を付けられるか、開発者・職人たちの腕の見せどころです。

エンジンはレーシング好きのヤマハに依頼。高嶺の花のソレックスキャブ（フランス・ソレックス社製のキャブレターで当時の通好みの自動車部品）も使えます。さらに量産金型を使わず、手加工に徹しました。熟練工による良質な組み立て工程がユーザーの購買意欲をくすぐりました。メカニズムだけではありません。それまでの国産車とは一線を画す本場英国風のスタイリッシュなフォルムに、ユーザーも心が躍りました。

生産台数はわずか340台。お金に余裕のあるマニアや投資家が競って買い求め、瞬く間に売り切れゴメンと相成りました。名車の誕生です。

つい最近、この「トヨタ2000GT」の中古車がオークションに出品されました。半世紀も前に生産された車に、なんと1億円の値がついたのです。過去、日本で生産された車の中で間違いなく一番の人気車種といえるでしょう。子ども向けのプラモデルやミニカーのモデルにもなりました。
　「トヨタ2000GT」のような贅沢品の場合、生産にかかるコストは跳ね上がり、大量生産も難しくなります。必然的に少量生産となります。
　少量生産の場合、償却にはしばられません。固定費の割合が減るので、変動費を大きくできるといった強みがあるからです。キーワードとなるのは、トヨタ2000GTの場合に見るような「高付加価値」です。

● 「デザインハウス」的発想の企画
　高付加価値を実現するとなるとコストは上がります。そこで活用したいのが「デザインハウス」という発想。かく言う筆者の得意分野でもあります。「デザインハウス」とはもちろん流行りのデザイナーが建てた家のことではありません。
　たとえば、「贅沢なタブレット端末を作る」というミッションがあったとしましょう。以下の部材構成が必要となります。
　CPU、メインボード、電池、タッチセンサー付き液晶、カメラ、センサー類、OS、ドライバー類、通信ユニット、充電器、メモリ等々。よくよく見ると、ユニット化されたものばかりです。
　実は、中国にはこれらのユニットが製品として山ほどあって、1個からでも売ってくれるところもあります。原価上は金型等の固定費は考える必要がありません。すでにユニットの価格に反映されているからです。償却分がないので、初期投資を考えず手軽に企画ができるという大きなメリットがあります。
　出来合いユニットを探せば、組み合わせるだけでタブレット本体は金型から企画するよりも安価で完成できます。浮いた予算でケースにチーク材やクリスタルを施すなど、おしゃれに、豪華にするという付加価値を付けられます。こうして「セレブ仕様の贅沢タブレット」が完成するわけです。
　ユニット代のみの組み合わせなので比較的安く、数台から生産できてリスクも少ないうえに、それぞれのユニットは優れたテクノロジーで作られているため性能的にも優位という、価格さえ合えば至れり尽くせりの世界です。タブレットのみならず、パソコンや携帯、スマホなども同様に高付

加価値商品を生み出すことができます。

　ものづくりの世界でユーザーの利益を考えた場合、第一に考えられるのは安さや便利さです。それらは売りやすさにもつながります。一方で、いつの時代も「贅沢品」といったカテゴリーにも需要があることを忘れないでください。そしてこういった商品には、デザインハウスを利用した少量生産方式が使えるのです。

大量生産から少量生産へ

　戦後の輸出を支えたのは、ローコストの大量生産である「低品質」でした。何とか頑張って「低品質」のレッテルを張り替えたのは、日本の品質管理です。しかし、1980年代以降、日本の巨大メーカーは人件費率を落とすために海外生産へと舵を切り、金型、品質、ノウハウごと海外工場に移転。そして技術人員までも海外流出となりました。

　出遅れた国内中小企業は、巨大メーカーが流出させた海外の大量生産技術と正面切って戦っています。長期デフレも相まって、技術立国日本の30年にわたる停滞の遠因になっていると思います。

　昨今のデジタル革命によって、メイカーのおもしろいアイデアが噴出しています。ここはひとつ頑張ってもらいたいところです。資金的にも大量生産は難しいでしょうが、製品化を検討するなら、コストパフォーマンスの良い樹脂成型の部品は外せないと思います。

　ここでは、少量生産でもできる樹脂成型についてお話します。

● **人が1000万円に見える?!**

　プラスチックの成型品は世にごまんとあり、ガジェットにもいろいろな種類があります。典型的なものはトイでしょう。その他、100円ショップの生活用品や便利グッズ、学習教材などもその範疇に入ります。

　A3以下のプラスチック等の成型品で、ものによってモーターやLED、電子基板等が組みこまれているようなイメージでしょうか。

　読者のみなさんが作ろうとしている商品も、ガジェットに分類されるものは多いと思います。

　すでにお話ししてきた通り、今の日本で金型を作ってこの手の商品を量

産するには、コスト的にはかなり苦しいことになります。いきおい、海外生産、特に中国が現実の選択となりますが、その中国で生産する場合でも、最低1,000万円からの費用を用意する必要があると巷では言われてきました。

復習のつもりで、もう一度ざっくり内訳をお話ししますと、

- プラスチック成型のための金型代が400万円／2型（「ふたかた」）から4型
- 製品代（工場の出し値）総額500万円／（成型のための1ショット単価300円＋生産ラインに関わる単価200円）×1万個
- その他船賃や経費で100万円

といった感じです。

工場側は1件につきこれぐらいをイメージするのが普通です。中国工場の社長は私のような者が歩いていると、1,000万円に見えていたはずです。

製造原価の総額1,000万円の商品が1万個ですから、製造原価は1個1,000円。「原価3倍の法則」に当てはめれば、価格は3,000円。このクラスの商品で生産数が5万個以上になれば、国内での売上は1億円を超えてきます。普通の企業ならまずはまとまった仕事といえます。トイ業界がクリスマス商戦で販売する1種類の商品が、このイメージに近いでしょうか。

1,000万円は、個人にとってはかなりの額です。1,000個以下の少量生産をめざす人にとって、金型を使った樹脂成型の量産は不可能なのでしょうか？

そんなことはありません。やり方はあります。

● 少量生産でも樹脂成型を使う方法

すべての工場、すべての製品に当てはまるとまでは断言できませんが、トライする価値はあると思います。私はこれから話す方法で、以下のようなコスト内訳で製品を作ってきました。実際に経験した具体的な金額でお話しします。

- 金型代100万円／A4サイズクラスの金型が1型（ひとかた）
- 製品代20万円／成型のための1ショット単価200円×1,000セット
- その他船賃や経費で10万円

大雑把ですが、130万円ぐらいで1,000セットの樹脂成型品が手に入ります。実際にはこれにOEM会社に払うお金が加わります。一般的には工場出し値の15％程度でしょう。これを含めても150万円ぐらいです。コストは通常の1/5以下ですから、嘘のような話に思えます。もちろん、どんな手品にも仕掛けがあります。
　大きなポイントは、「生産ラインを使わない」という点です。
　中国には、生産ラインだけの工場と、内部に金型製作のための工作機械＋樹脂成型機を持つ工場があります。いずれにせよ、金型製作と樹脂成型は別の工場または別の工程になります。金型製作と樹脂成型だけを、別工場または別工程で動かすことは可能なのです。
　生産ラインは、部品手配やライン整備と段取り、人員配置、手直しライン、パッケージ人員、カートン手配等々、結構面倒な作業構成です。しかし、ライン組みができれば、1日で1,000個から5,000個の生産が容易にできます。多くのワーカーが工場敷地内の寮に暮らし、住みこみで雇われているのは生産ラインのためなのです。
　少量生産の金型とはいえ、もちろん金型の所有権は発注者にあるので、増産もできます。色を変えたければ色見本を渡せばOKです。ただ、2回目の発注では成型機へのセッティングや金型のメンテナンス代として10万円くらいは上乗せになります。たとえば、初回と同じ1,000個の成型で製品代20万円＋10万円の30万円で済むことになります。3回目、4回目の発注も同じです。生産数は500個だと製品代はいくらか割高になりますが、逆に5,000個を超えると少し値引きしてくれたりします。

●さらに安くする方法も…

　上記の製品はA4サイズの金型面で作れる部品を前提にしていますが、A4サイズというのは意外に面積があります。必要な部品を配置してもまだスペースに余裕がある、などということもめずらしくありません。A4サイズの金型図面を見ながら、「もっと彫れるのに…」と悔しい思いをすることもあります。彫る量が少なくなったところで金型のコストにはさして影響しないからです。
　そこで金型のスペースが余った場合、こんな方法が可能になります。
　友だちのスタートアップBさんの製品も同じ金型に彫ってしまうのです。その分を面積で割り、Bさんとコストを負担します。あるいは最初から折

半で金型を彫る方法もあります。折半すれば、60万円で金型を持てることになります。

ただ、金型を共有した場合、独特の課題はあります。

ひとつは色や材質です。同じ型を使うわけですから、同じ色、同じ材質になります。また、増産時、どちらか一方の金型しか使わない場合、使わない金型でも成型品は作らざるを得ないですから、大量の廃棄物が出ます。生産数に差が出てきたときにもどちらかひとりの在庫が多くなってしまうケースもあります。これらをBさんと事前によく話し合っておく必要があります。

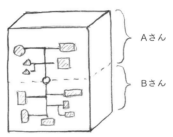

図9-2 金型の共有イメージ

● 自分で追加工する

生産ラインを使わないということは、部品の組み立てがないので、完成品ではなくバラバラの部品（部品ごとに別の袋に入れるぐらいのことはしてくれます）の成型品が工場出荷時の荷姿になります。このバラの成型品のことを「バルク」と呼びます。

バルクで日本に届くので、完成品にするには自力で確認と組み立てをします。プリント基板を組み付け、梱包して箱に収める必要もあるかもしれません。

1,000個とはそれなりの量ですから、家族総出、あるいはアルバイトを雇う、といったケースもあるでしょう。組み立て作業を日本に持ってきた分、手間とコストがかかるのはご承知おきください。でも、ここまでがんばれば、立派な商品のできあがりとなります。それでいて、総コストは通常の企業が量産する場合と比べ、1/5以下に下げられるのです。

日本で作業するということは、「自分で追加工できる」ということでもあります。塗装やレタリングも可能です。中国工場の生産ラインで塗装、

彩色、シール貼り等々の工程を入れると大幅にコストは上がります。たとえば、プラスチック部品を塗装するだけで、コストが2倍に跳ね上がる可能性もあります。1,000個程度ならがんばれば自宅の裏庭でもできます。追加工がしたければ、お勧めです。

● **少量だから「段ボール貿易」**

　商品の通常の輸出入については、4章、7章でお話ししました。まずは出荷と輸出入についての基礎知識は学んでいただけたと思います。少量生産で作ったものも、基本は同じ流れで日本まで運ばれてきますが、昨今はコストパフォーマンスのよい、少量生産向きの便利な運送会社があります。これらを使った輸送方法をご紹介します。

　私は以下のようにEXW（EX Works）に基づき、中国の国際宅配便を使う方法で商品を輸入しています。小口の段ボール箱を移動させるイメージなので、個人的には「段ボール貿易」と呼びたいところです。

　EXWとは、Ex-factoryとも呼ばれ、「工場渡し」のことです。工場側は、工場敷地に入った宅配便トラックに積みこむまでの費用及びリスクを負担し、それ以降の費用（工場からの宅配便運賃、海上保険料、輸入課税、通関手数料等）とリスクはすべて輸入者側が負担します。少量生産の場合、効率的な方法だと私は思います。

　少量のため、少しリスクが大きくなり、送料も増えますが、通関手続き等は簡単になります。

　ざっくり言って、2,000USドルくらいの量のプラスチック部品のバルクで、400USドルくらいの送料です。これで、中国の工場から日本の納入先（自宅であることも多いのですが）まで届けてくれるのだから、悪い話ではないと個人的には思います。

　中国の国際宅配便（「中国流通王」等）の送料は発送時に特定されるので、中国で仮払いしてもらって、後からINVOICEの指示通り（T/T等）の入金になります。

　税金等は、国際宅配便を使ったこのケースでは、自宅に届けた配達員に、関税や消費税、通関手数料等を直接払います。一見、代引きのような感じです。

　FedExやDHLといった世界規模の運送会社だと、請求書払い（日本の口座に入金する形）の場合もあります。

商品を市場に出す

　大手メーカーに負けない、アイデア満載の商品ができました。樹脂成型を使っているので品質も安定。供給も間違いないです。ここは、メーカーならではのアイデアとパフォーマンスで販売ルートの新規開拓も心掛けていきましょう。「メイカーが創った新商品」を売りにするのもよいですね。
　生産数が少し増えれば、償却も流通もすべてが一気に楽になります。40ftコンテナも夢ではありません。

● 「商品に語らせる」

　中国からバルクで届いた部品を袋詰め。あらかじめ簡易印刷で作った取扱説明書も同梱しました。一応、商品としての体裁は整いました。次は、いよいよ商品を出荷し、その価値を世に問います。
　販路はさまざまです。商品に合ったルートを使うのが基本です。
　数千のロットを扱う大きなルートは、何かしらビジネス上の付き合いが必要です。飛びこみで営業をかけるのも手としてはありますが、望みは薄いといわざるをえません。
　その昔、私もメーカーにいた頃、自分が企画製作した商品を抱えて、営業の担当者と販社へ売りこみによく行きました。けんもほろろの会社もあれば、話だけはよく聞いてくれる会社もあります。いずれにせよ、販社の仕入れ担当者を納得させられるだけの価値を商品から感じてもらうのは並大抵のことではありません。どんなに口でうまく説明しても、プレゼン資料をそろえても、目利きのプロは商品の価値を見破ります。
　ただ痛感したことは、「商品に語らせる」ことが一番、ということです。見ただけで仕入れ担当者の目が光り、こちらの説明もろくに聞かないうちに手に取ってもらえるようなら、ほぼ商談は成立です。残念ながら滅多にないことですが。
　製作担当者としては商談成立で、もうニコニコ顔なのですが、本当のビジネスは実はここから始まります。
　販社の仕入れ担当者「じゃあ、後は工藤公康でお願いします」
　当方の営業担当者「せめて松井秀喜じゃダメですか？」
　こんな会話がよく交わされていました。当時、工藤公康は背番号47、松井秀喜のそれは55。実は卸率に関する一種の隠語でした。仕入れ担当者は

「47％の卸で売れ」、営業担当者は「55％で買ってくれ」と言っているわけです。私は原価率を知っているので、背中に冷や汗が流れます。ここでは残る利益がわずかなのが、すぐわかるからです。まさに、真剣勝負の場なのだ、と実感しました。

● 少量生産での販路を考える

　1,000以下の小ロットでの流通を考えると、Webでの販売がメインとなるでしょう。ECサイトを個人で立ち上げるのも、以前に比べればだいぶ敷居が下がりました。STORES.jp（https://stores.jp/）のように初期費用／月額料金無料で簡単にECサイトを立ち上げ、売れたときに決済手数料を支払うスタイルのサービスも登場しています。PayPalなどのサービスで、ネット決済の導入も手軽になりました。

　また、最近では、スタートアップと顧客をつなぐ流通のプラットフォームもあります。「Amazon Launchpad」（https://www.amazon.co.jp/gp/launchpad/signup）、「＋Style（プラススタイル）」（https://plusstyle.jp/about/）などがそうです。審査等はあるようですが、マッチすれば販路がより広がります。

　クラウドファンディングでは、支援してくれた方たちへのリワードとして完成商品のお届けを設定しているケースが多くあります。つまり、出資を募ると同時に、販路としての側面も兼ねているということです。

　Maker Faireのようなものづくりを志す人たちが集まる場で、コマーシャルメイカーとして出展し、実際にプレゼンしながら販売するのも効果的でしょう。お客様の反応もダイレクトに見ることができます。SNSで拡散され、プロモーション効果も期待できます。

　このように現在は、大手ECサイトに出店したり自らサーバを立ち上げる等の資金のかかる方法だけでなく、個人にもさまざまな流通の選択肢が存在しています。上手に活用するとよいと思います。

海外生産失敗談

　最後に私のキャリアの中からうまくいかなかった海外生産のケースについてもお話しします。

　大学を卒業し、企業に就職し、以来40年以上ガジェット等の企画・開発に携わってきました。経験を積めば積むほど、思いもかけないさまざまな問題にぶつかります。生産過程での緊急トラブルに対処するため、海外の工場へ急きょ飛んでいく、ということも1度や2度ではありません。やっとの思いで解決しても、その先に新たなトラブルが待っていた、ということもままあります。何重もの壁を乗り越えて、やっと生産、販売へとたどり着けるのがものづくりの常です。

　残念ながら、「順調に生産できて、手離れよく販売までこぎつけて、最後は大ヒット」ということはまずないと思ったほうが無難です。「トラブルは当たり前で、それに対処できるのがプロ」という意識で臨むべきだと思います。

　とはいえ、避けられる失敗なら、避けるにこしたことはありません。下記の私の失敗例と同じ轍を踏まないようにしてくださいね。

●何のために来たかわからない…？

　1980年頃、北米・ヨーロッパ・中近東・東南アジア向けへ、カーオーディオが飛ぶように売れた時代がありました。その流れで、私はアメリカのRCA社で電子回路の修行をしておりました。

　いろいろ学んで、やっと帰国。RCA社で行った実験をまとめていたら、突然、韓国出張の要請がきました。

　案件は、韓国でのカーオーディオのノックダウン生産[*1]に関連して出張してくれということでした。

　ノックダウンキットの全体設計は日本の技術者が担当。部品手配も日本の資材・購買が担当しました。作業指導書は私が作りましたので、こちらに「おはち」が回ってきたわけです。詳細な打ち合わせがないままの出張でしたが、「ひと頑張りしてこよう！」と軽い気持ちで出国となりました。

　ソウルの金浦空港に降り、車で小一時間ほどで工場に着きました。ノッ

---

*1　ノックダウン生産：他国や他企業で生産された製品の主要部品を輸入して、現地で組立、販売する方式。

クダウンキットはすでに届いていて、生産ラインは流れ始めていました。
　しかし、先方の担当者と話をしても、どうも要領を得ません。「生産のお手伝いに来ました！」と伝えたら、工場内の品質管理室にデスクを与えられ、初日からそこに缶詰状態になってしまいました。
　何日経っても、終わる気配のない生産でした。送ったキットは、3,000セットだったので、3日もあれば終わるだろうとたかをくくっていたら大間違い。工場では、後から後から課題が出てきて大わらわの日々が続いています。
「何かお手伝いしましょうか？」
「作業指導書は私が書きました」
　と、何度か担当者に声をかけたのですが、何の反応もなしです。残念ながらノックダウン生産の手助けはほとんどできませんでした。
　2週間くらい経った頃、「無事生産が終わり出荷しました」と連絡が入りました。
　まったく充実感のないまま、テレックスで日本に帰国の連絡をし、復路のオープンチケットを持って帰国の途につきました。
　後から知りましたが、自分に対するミッションは、「生産完了まで単に立ち会う」ということだけでした。そういう意味では私の意識とは関係なく、おのずと使命は達成していたようです。

ー反省
　会社は「約束通り、ひとり送りこんだ」と思い、工場は「面倒なやつが来た」と思っていました。その間で私はひとり何しに来たのか理由もわからず浮いていたわけです。これでは意志が通じるはずもありません。コミュニケーションを取るつもりがないのですから。おかしいと思ったら、自分の目的を明確にし、相手にも伝えましょう。海外取引では何が起きるかわかりません。

●結局誰が一番儲かったのか…？
　1985年になると多くの海外生産は韓国から台湾に移っていました。そして、中国本土での生産が話題になり始めた頃の話です。
　生産窓口は、国内のOEM会社にお願いしましたが、海外生産に精通しているということで、日本の電子回路屋さんにも入ってもらいました。中

国工場への窓口には、台湾のOEM会社に入ってもらい、都合4つの会社が絡みました。

結果的に、発注側（私がいた会社です）→日本のOEM会社→日本の電子回路屋さん→台湾のOEM会社→中国現地工場といった流れになります。案の定、毎日の業務連絡はまるで伝言ゲームです。なかなか意志が伝わりません。

量産が近づき、最終チェックのための中国出張となりました。当時、中国工場の近くにはホテルがありませんでした。

われわれは、香港のホテルに泊まって、朝一番で中国に入って、夕方になると駆け足で香港のホテルに戻りました。毎日がピストン輸送みたいな出張でした。

携帯電話もあまり機能せず、他にろくな連絡方法もなかったので、ひとりでもはぐれたら大変です。出張中は関係者全員がいっしょに行動しました。今から考えると何とも効率の悪い仕事でした。

ほとんどの判断業務は発注側の私の仕事でした。後の3人はいつもいっしょにいますが、まるで見物人のようでした。

それでも何とか生産できて、商品が日本に送られてきました。やはり不良率が多いので、日本の検査会社に託して、全数検査と選別をしてもらい、そこからお客さんにお送りしました。結果的にお客さんには喜んでもらいましたが、余計なコストがかかり、なんだか釈然としませんでした。

この頃はまだ新米で「海外生産ってこんなものかな」とも思いましたが、何となく違和感を感じていました。結局は、関係する会社さん全部が適当に儲かったようです。正直、今から思えばコスト意識の低い、何とも平和な時代でした。工場の出し値が今と違い、驚くほど安かったからですね。

ー反省

後からは何でも言えますが、当時はそれなりにがんばりました。船頭が多くても何とかまとまるものですね。とはいえ、海外出張までして結果的に無駄なコストをかける羽目になりました。外部の会社へはよくよく考えてから依頼すべきだと思います。

● 立派すぎるサンプルと「エイヤー価格」

超豪華なサンプルを作ったことがあります。塗装も完璧でいかにも高級

感があって「売れるのは間違いない」と感じていました。

　部品表のほうは、安い部品をうまく組み合わせ、われながらうまくまとめたと思っていました。

　さて待望の見積が届きました。

　ありゃ　かなり安くできると踏んでいたのに、とんでもない金額。なるほど、先方が超豪華サンプルをながめながら「エイヤー」と決めた価格に違いない。がんばって作ったのに、部品表なんか見てくれていない！ ことほど左様に1990年代は先方も「エイヤー見積」が多かったように感じます。

　　－ 反省
　　　見た目で「エイヤー価格」にする海外工場の社長は多いように思います。見積サンプルは少し安っぽく見えるくらいでちょうどよいようです。ただし、エンジニアに見せるための最終仕様のサンプルはしっかり作ります。

● 見切り発車にご用心

　ものづくりで大切なものは、極言すれば時間とお金につきます。時間とお金をかければ、作れないものはないといっても過言ではありません。ところが、両方潤沢にある中でものづくりができるなんてことはありません。ほぼどちらか、たいていは両方ともない、というのが普通のシチュエーションです。

　時間がなかったと言い訳しても仕方ないですが、サンプルもいい加減、部品表も詳細の詰めが甘いまま、見切り発車的に生産をスタートしたことがありました。「スケジュールが最優先」と言われて、工場に行ってから決めるしかない状況です。

　「走りながら考える」なんて、甘い考えで出張しました。

　工場から出た見積は安全を見積もってやや高めでしたが、この範囲なら、商品になりそうだと思って金型のPOを発行しちゃいました。

　ところが、いざ現地で打ち合わせを進めると、仕様変更、設計変更がどんどん出てきます。あれやこれやで、やっと形が見えてきた頃には、最初のサンプルと比べて大幅な見直しとなっていました。すでに金型は進んでいるので、T1もそこそこに、早々金型修正となりました。甘い考えが多重に積み上がって、今更後戻りはできない状況です。

結局最後になって、仕様変更、部品追加、金型修正等々の費用を思いっきり乗せられて、当初見積の1.5倍まで膨らみました。
　納期は決まっているので、無理を押して何とか少しだけ値引きしてもらって、納期いっぱいで出荷。仕上がりも今ひとつで、原価の高い商品になってしまいました。今思い出しても、会社に申し訳ないことをしてしまったと思います。

▪ 反省

　「走りながら考える」なんて甘い考えは絶対にダメ！ 仕様をしっかり煮つめてスタートしなければなりません。

● パーティングラインとスライドの失敗

　難しい金型を作ってしまいました。
　いつもは、単純割型でパーティングラインは一直線。スライドも何もない設計に徹していました。
　ところが、金型工場内で他社さん向けの金型を盗み見すると、アンダーカット対応もできているようです。外スライド、内スライド、果てはサブマリンなんて高度な技も平気でやっている様子。
「これはすごい！ 一度やってみたいと思っていたところだ！ 次回は試してみよう」
　次の企画で恰好の形状に出会いました。思い切って、パーティングラインをカーブにしてスライドも取り入れて、ゲートは贅沢にバナナゲートにしました。

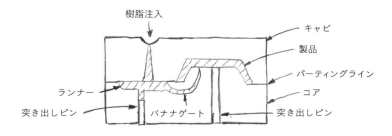

図9-3　バナナゲートを使った金型

四方、八方から金型が閉じて、樹脂を注入。冷えたところで四方、八方に金型が開いて、製品が出てくる。すごい！　まるで未来のロボットだ！
　調子に乗っていたのですが、はたと気がつきました。
「待てよ、他部品との嵌合がうまくない。合わせ目もそろわず、すき間もある……」
　少々高くなるのは承知していましたが、もしかして結構な値段になっているのでは……という気もします。
　金型調整が重なってT3でもまだ課題の積み残しがあります。TEはいつのことやら。発売時期が近づいてきたので、不本意ながら見切り「検収」しました。金型代を含め、余計なコストがかかってしまったことは言うまでもありません。

　　- 反省
　　　金型は単純割に限ります。単純割でできるデザインがよい設計といえます。高度な金型に頼って、甘い設計をしてはいけません。

●国内生産の罠
「出張費、通信費、配送費、税金等々を差し引くと、国内生産も費用的にまんざら捨てたものでもありません。何しろ品質がまったく違うし、ユーザークレームなんて皆無ですよ。トータルで考えると国内生産のほうがむしろ安いし、ブランド維持等、計算できない得がたくさんあるんじゃないですかねえ。スピード感もまったく違いますし。ぜひ、ご検討ください」
　営業マンにこんなことを言われると心が動きます。安くて、良い品質で、スケジュールを守ってくれる。良いことばかりじゃありませんか。海外生産の今までの苦労は何だったのか。甘い誘いに心が動きます。海外生産で疲れ果てた頃に、こんな話がよく飛びこんできます。
　国内生産を進めると、もちろん日本人同士の打ち合わせになります。細かなニュアンスも正確に伝わりますが、微妙な言い回しのせいでしょうか、海外に比べると、約束事が比較的曖昧な感じがします。
　話の進め方がうまいのか、納期とコストの天秤のような感じの話になりやすく、正直、「両社一丸となって新製品を作りましょう！」といった心意気はあまり感じません。
　結局、細かな追加や修正で予想外に高額になってしまいます。確かに、

出張や時間取り等、楽な面はありますが、「ドサッ」と値上げしてくるので、面食らうことが多いです。

特に、「考えながら進める」のはまったく許されないので、海外以上にキッチリ仕様を決めてかから発注しないとうまくいきません。フワッとした言い回しで恐縮ですが、「ボリューム感のない商品に高い出費を強いられる」という印象です。

結局、海外の工場相手の「右か、左か」のような交渉のほうがやりやすいように私は思います。心情的な後腐れも一切ありません。日本にいると日本人ですが、海外にいると「日本人」も「外国人」になれるのかもしれません。

― 反省

国内生産は、海外以上に仕様を固めてからスタートする必要があります。日本語なので、話が通じやすい感じがしますが、実は曖昧なまま、決定を先送りにしてしまうことも多いと思います。注意したいところです。

● IC選択の失敗

シグネティクスの「555」という、有名なタイマーICがあります。一般的なタイマーや発振回路を作るときに重宝しますし、単価は0.1USドル以下で入手できます。

オーディオ信号の周波数とレベル（強さ）を可変できる実験装置を作りました。電源は単3乾電池3本、小さめの本体ケースは美大出の女性デザイナーに手掛けてもらいました。可愛くまとまり、性能も満足。何の問題もなく生産開始です。最終チェックのため、現地工場へ行きました。

工場で、はたと気がつきました。
「まてよ、減電圧特性の確認をしたのだろうか？」
気になってたずねてみると
「やりましたよ。問題ありませんでした」
と、現地エンジニアの回答。
「よかった！ このまま行けば久しぶりの没問題（メイウェンティ。「問題なし」の中国語）でスタートだ！」
工場を引き上げ、香港国際空港でとんこつラーメンと青島ビールで乾

杯！

　しかし、乾杯しても何か心に引っ掛かりがあります。
「どうも、減電圧特性が気になる。『問題ありませんでした』ってどういう意味なんだ？　何Vまで試したのかな？……まずい、データシートをチェックしてないじゃないか！」

　空港であわててデータシートをダウンロード。なんと「供給電圧4.5V以上」となっていました

　飛行機の搭乗時間が迫ってきます。焦った挙げ句、工場に連絡して、生産を停止してもらいました。

　「555」には「バイポーラ」と「CMOS」という2つの製品があります。バイポーラの動作電圧は4.5Vから16V。CMOSは1.5Vから12V。今回の電池電圧は1.5V×3本＝4.5V。

　今回選んだICは、「バイポーラ555」。使い始めて少ししたら止まってしまう可能性があります。マージン（利用電圧）も読めません！　生産停止指示に続いて、CMOS555の手配と再実験を依頼。続いてサプライヤーにCMOS555の入手可能性を確認しました。5万本は必要です。

　結局、IC入れ替えで、約5倍の出費となってしまいました。

　━ 反省

　　データシートの未確認と人任せの減電圧実験には何の言い訳もできません。基本的なチェックは自分で必ず行いましょう。

● **生産ロット数の失敗**

　初期発注数を間違えてしまいました。

　企画も良かったし、工場の出し値も適正。販売ルートも確保できているので、十分いけると思いました。

　しかし、工場生産能力とそれに伴う品質悪化を読み違えました。

　後から考えれば、嫌な予感はしていたもののそのまま放ってしまい、いざ問題が起きてからの対応が間に合いませんでした。

　原因をもう少し掘り下げてみます。

　従来の「塩ビ被覆リード線」は「環境負荷が大きい」という理由で、「ポリエチレン被覆リード線」を使うような雰囲気になっていた頃でした。

　ポリエチレン被覆は少々硬いので、むいた銅線の根元折れによる断線が

見受けられます。もちろん、うまくハンダ付けすれば何の問題もありません。しかし、発注数が多すぎたために、ハンダ付けが苦手なワーカーさんが大量に投入されたのも遠因でした。

　急きょ、塩ビ被覆リード線に戻しましたが、全数変更は難しく、生産の途中から切り替える対応を承諾せざるを得ませんでした。

　そこで、ポリエチレン被覆の根元（切れやすい部位）に、「グルー補強」を行うことにしました。この対策は全数に行えましたが、残念なことに、グルー位置が不正確でした。よって、多くの電線切れ商品を市場に出してしまいました。裏目、裏目の重なり合いでした。

ー 反省

　海外生産では、量産工程のすべてに目が届くわけではありません。初ロットは少ない数から始め、問題が起きたらすぐに対処できる態勢をとっておきましょう。

サイドストーリー

発進！「ツインドリル ジェットモグラ号」

序章から9章まで、量産化について書かせていただきました。
本書の執筆のために実際に作った商品が、
「ツインドリル ジェットモグラ号」です。
ここに、アイデア出しから量産化までのプロセスを
サイドストーリーとして紹介します。
いわばこの本の実践編です。
企画が商品となるまで、その軌跡をお楽しみください。

第1話　アイデアは風に乗って

● サテンにて

　初冬にしては暖かいその日、都内某所の喫茶店にいた。目の前にスタッフのひとり、編集メンバーK君がいる。
「おもしろいじゃないですか！ イケますよ」
　単行本企画への賛同を得た。書名は『メイカーとスタートアップのための量産入門』。この本のことである。
　メイカームーブメントに乗って、オリジナルでおもしろい作品を作った。ぜひ、世の中に広めたい。そのためには量産したいのだが、何をどうすればよいのかわからない。費用は？ 期間は？ 誰に頼めばいいのか？
　そんな人たちに、できるだけ具体的に「作品」を「商品」に変えるノウハウを伝えたい。そんな思いで筆をとった。
「どこまで数字を出せるかが勝負ですね」
　30年以上の経験を持つベテラン編集者のK君は、賛同とともに問題点を指摘した。「なるべく具体的に」と言いながら、商品が特定されるものに関しては原価などは出せない。数字の信憑性が曖昧だと本の価値が下がる。

当初からその問題はあった。考えた挙げ句、ひとつの結論に達した。
　ここは一番、**自分もメイカーのひとりとしての作品を商品にしてみよう。**そこで得た具体的な数字を全部さらして読者に見せれば、これ以上のリアルはない。
　K君に話すと、大きくうなずいてくれた。次回、どんな商品にするか、2人でアイデア会議をすることにした。
　本の執筆と同時にものづくりのリアルが進行する。きっと、ワクワクするサイドストーリーになるはずだ。
　喫茶店を出た途端、冷気を含んだ一陣の風が頬を撫でて通り過ぎた。
「おもしろくなってきた」
　心の中でつぶやいた。

● カニか、モグラか？

　ひと月後。再び、目の前にK君。2人の間にはポンチ絵が描かれた2枚の紙がある。商品化を前提に考えたアイデアスケッチだ［図10-1、10-2］
「ひとつは、晩酌のつまみで出てきたカニを見て思いついた。もうひとつは以前アイデアの持ちこみがあり、おもしろいと思ってキープしていたものだ。どうかな？」
　スケッチをじっと見つめるK君。いろいろ思うことがあるようだ。
　企画するにあたって、いくつかの縛りを自分に課した。まず、単行本のサイドストーリーとして紹介するのにふさわしいかどうか。量産を目指す

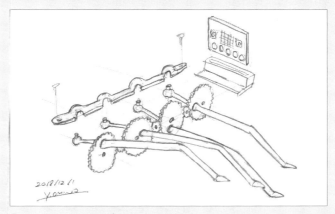

図10-1　セイコガニのアイデアスケッチ

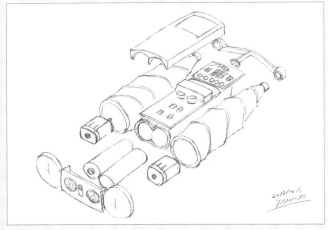

図10-2 「ツインドリル ジェットモグラ号」のもととなったアイデアスケッチ

メイカーに参考にならないと意味がないので、あまり大がかりなものは好ましくない。個人の資金で作るものなので限界もある。自分がキャリアの中で作ってきたガジェット的なものが良いと考えた。

その上で、企画の肝となる「世の中にないもの」「世の中の役に立つもの」にしたい。人様に喜ばれるものでなければ商品にはならない。読者の参考になるよう、筐体は樹脂成型で電気的な仕掛けも入れたい。大きな利益は望まないが、原価的なバランスをとって多少なりとも資金的な回収も可能にしたい。もちろん、単行本の発売のときには商品ができていないといけないので、時間的制約もある。

当初から根本的なアイデアはあった。「micro:bit（マイクロビット）」という教育用マイクロコントローラーを利用する手だ。micro:bitは値段の割に内容が充実しているため、2020年の小学校でのプログラミング教育導入を背景に、普及が期待される。「micro:bitを使って動かすガジェット」と考えると、かなり企画の幅が広がる。お客様が自分でプログラミングして、動きをカスタマイズできるのが魅力だ。

「どちらも捨てがたいですね……」

迷うK君。理由は何となくわかる。

かつてK君と、リンク機構を使ってカニが動く教材を作ったことがあった。当時は教育用のマイコンなどなかったので、動きに制限があったが、よく売れた。

micro:bitに関してはK君も中身はよく知っている。
「教材としてはカニなんでしょうけど……。僕、サンダーバード、好きなんですよ」

● **もぐらない「モグラ」**
　もうひとつのアイデアは、「ジェットモグラ」。1960年代に子ども時代を過ごした人は、ピンとくるものがあるかもしれない。
　当時のTVドラマ「サンダーバード」に登場する「サンダーバード2号」は、コンテナ輸送機として救助を求める人たちのためにさまざまなビークルを運ぶ。そのひとつに「Jet Mole」があった（「Mole」はモグラのこと）。先端がドリルになっており、ドリルを回転させて地中を掘りながら進む設定になっている。当時の子どもたちにも人気のあった救援機だ。プラモデルも発売され、これもよく売れた。ガジェットとして、魅力的なコンテンツだった。
　当時、多くのジェットモグラのプラモデルが出た。いずれも、モーターで先端のドリルが回転する。ガジェットとしては見せ場のひとつだ。多くの子どもたちが、砂場に持ちこみ、テレビドラマのように、実際にもぐって進むところを見たがった。ところが、これがうまくいかない。ドリルが回転しても前には進まない。子ども時代にこんな経験をお持ちの方もいるのではないだろうか？
　今回、商品化を考えているのは、ジェットモグラのドリルを両サイドに付けて、その回転で前進後退、右左折する、というものだ。モーターを2つ使い、micro:bitで制御する。自分でプログラミングして動きを変えたり、micro:bitを2枚使ってリモコン仕様にすることもできる。
　どちらがいいか、喧々諤々話し合い、結局、ジェットモグラに決めた。「世の中にないもの」というコンセプトが決め手になった。

第2話　見積依頼

● 爆発図で考える

　目の前の手作り機能見本をじっと見つめる。大きさのイメージもちょうどいい。パッと見た感じ、樹脂成型の際の金型の大きさや樹脂の量から考えても、原価にハマる気がする。この辺の直感は長年の蓄積だが、慣れてくればそう難しいわけではない。

「これで見積をかけてみよう」

　4章で説明したように、見積をかけるためにはいくつかの手順がある。

　まず、機能見本レベルの試作がいる。ここはクリア。

　試作をもとに、全体がどんな部品で構成されているか、ラフスケッチで描いてみる。いわゆる機構ポンチ絵だが、本格的な図面の前に頭を整理する上でも重要だ。こうしてできたジェットモグラの爆発図が [図10-3] だ。

　爆発図を見ながら、構成要素を考え、ひとつひとつの部品について、Excelの表に書き入れる。番号、部品名、数量、材質および仕様、寸法・加工・指定色、備考、最低でもこれぐらいの項目は必要だ。大きい部品か

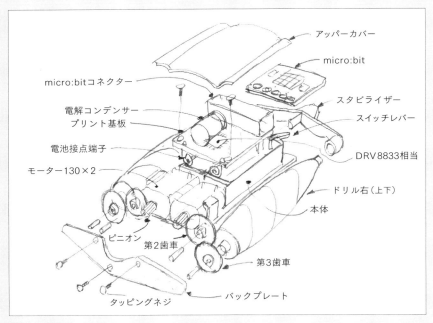

図10-3　爆発図

番号	部品名	数量	材質・仕様	寸法・加工 指定色	備考
1	本体	1	ABS		
2	アッパーカバー	1	ABS		
3	バックプレート	1	ABS		
4	スタビライザー	1	ABS		
5	ドリル右上	1	ABS		
6	ドリル右下	1	ABS		
7	ドリル左上	1	ABS		
8	ドリル左下	1	ABS		
9	スイッチレバー	1	ABS		
10	第2歯車	2	ABS →POM?		
11	第3歯車	2	ABS		
12	ピニオン	2	POM	モジュール0.5-10歯、シャフト2.0	汎用品
13	電池接点端子	1	プラス		
14	電池接点端子	1	マイナス		
15	電池接点端子	1	プラマイ	50×50	
16	プリント基板	1	ベーク片面	30*50 t=1.6 レジスト版*1	
17	micro:bitコネクタ	1		別途サンプル	参考USD0.8
18	ドライバーIC	1	モータードライバー	別途サンプルDRV8833相当	参考USD0.57
19	抵抗	6			
20	電解コンデンサ	1	470μF?6V		
21	モーター	2		140	
22	タッピンねじ	6	2.6-8		
23	メタルシャフト	4	2*10		
24	PP BAG	2		160*200*0.05	
25	マスターカートン	1/100			バルク
26	管理費	1			
27	送料	1			流通王等
28	LED等 (9ヶ?)	1			

図10-4 「ツインドリル ジェットモグラ号」の最初の部品表

ら小さい部品へ、樹脂成型品から歯車関係、電気関係、ネジ類、その他と書き進める。こうしてできたのが、[図10-4]の部品表だ。

　特殊な部品に関しては、試作を作るときに使ったものをサンプルとしてOEM会社に渡す予定でいる。電気関係のものがそうだ。今回だと、micro:bit用のコネクターとドライバーICなど。いずれもネットで買った。特殊な電子部品を1個で買えば当然高くつくが、それでも価格の想像はつく。これより安く仕入れてもらうことが話の前提だ。そのためにも部品のサンプルはあったほうがいい。

　試作、書類、部品サンプルは整った。OEMはいつも使っている会社に頼んだ。

● 仕様をつめる

　2月某日、OEM会社で爆発図と部品表を見つめながら、担当者と細かい仕様をつめていく。いくつか問題が出た。

　ひとつは、部品表にあるプラスチック成型部品のスイッチレバー。簡易型のものを考えていたのだが、海外仕様と考えた場合、輸入品に対する規

制に抵触する可能性のある構造だったことがわかった。特に引っかかりそうだったのはEN71とASTM（168〜169ページ参照）。せっかく作ったのに規制のせいで海外で売れないのでは情けない。

　歯車の仕様でも若干問題が出た。

　第1、第2、第3と3つの歯車が必要だが、想定のプラスチック樹脂は、ABS。モーターの軸にかぶせる第1歯車となる汎用品ピニオンギヤは、ABSより硬くてすべりの良いPOM。歯数の関係があるので歯車は金型から起こす。他と同じABSでいきたいところだが、第1歯車は力がかかるところなので、割れたり摩耗したりする可能性も否定できない。第2歯車以降もPOMで成型すれば問題ないが、それぞれ型が異なり、2型（ふたかた）の予定が3型（みかた）になってしまう。たいへんなコストアップになる。

　第2歯車は既製品でもありそうな形状なので、ギヤ製造の専門工場に使えるPOMの型があるかどうか探ってもらうことになった。

　第3歯車は駆動部のドリルと直結するものなので形状が特殊となり、金型を起こさざるを得ない。とはいえ、激しく回転するところでもないのでABSで耐えられる可能性は高い。課題は、第1歯車、第2歯車を既製のPOM歯車にして、最後の第3歯車をABSとした場合、予定の動きが出せるかどうか。このあたりは試してみるしかない。

　電池接点金具は、プラス、マイナス、プラマイ（プラスマイナス）接点の3種類。金属加工用の型を起こすことになったが、一般的な型でこちらは大したコストではないので、そのままでいくことにした。

　プリント基板の項目もチェックの上、変更した。

　当初は30mm×50mmのつもりだったが、micro:bit用のコネクター、電解コンデンサー、ドライバーIC、抵抗など、実装するものの大きさを考えると、思いのほか大きくなりそうだった。60mm×45mmに変更する。

　micro:bit用のコネクターは現物をOEM会社に渡し、中国で流通しているかどうか、チェックしてもらうことに。ドライバーICはサンプル品を渡し、型番を伝える。DRV8833。非常に有名で、コンパチ品もたくさん市場にあるはず。どちらも少しでも安く仕入れたい。

　ドライバーICの役割は、モーターを直接動かせるような大きな電流を流すこと。micro:bitから出てきた信号ではモーターを直接動かせないからだ。そのために増幅回路が入っている。また、このICひとつで、2つのモーターを制御できる。

プリント基板への実装も中国でやってもらうことにした。その際にmicro:bitの入出力をプリント基板後方に引きだし、ガジェットハックの好きな人向けに、電子部品をユーザーがのせられるようにした。こういうカスタマイズの余地を残しておくことが、遊び心のあるヘビーユーザーには大事だ。

　モーターの仕様は130。ミニ四駆などに使われる一般的なモーターで、値段も安い。特にブラシを変える、巻き数を変えるといった変更も必要もないので、汎用品から選ぶことにした。

　汎用品とはいえ、最近は、巻き数、線の太さ、マグネットの種類等、細かい仕様が異なる製品が豊富にそろっていて、それなりに選べるとのこと。特注しなくとも、ガジェットレベルで使うものなら、結果的にイケてしまうことも多々あるという話だ。

　モーターに関しては、こちらでもサンプル品をもらってチェックする旨も伝えた。中国と日本で同じようにチェックしておけば、後から齟齬が出ることも少ない。

　設計思想としては、実はモーターは取り外しが効くようにしておく予定だ。これもハック好きな人のため。やりたい人は、もっと強力なモーターを取り付けてガリガリ回すこともできる。

　部品表には、細かな部材を入れるビニールの小袋（PPバック）の大きさと数量も記載している。細かいようでも見積上は必要だ。

　部材を入れる小袋の話は最終的な荷姿とも関係する。

　バルクで輸入する場合、細かな部品だけを小袋に詰め、大きな部品その他いっさいを同じ袋に詰めて、規定のカートンで送ってもらう形が最も安い。当初から、プラモデルと同じくお客様が自分で組み立てる想定なので、バルクで自宅に送ってもらい、最終品としてのひとつひとつの袋詰めは関係者で行うことを考えていた。こうすれば、プリアッセンブル部分がなく、中国でラインを使わずにできるからだ。人件費がかからない分コストも安くあがるし、納期までの時間も短くて済む。

　さらに細かい項目が増えていく。カートン（輸送用ダンボール）、取扱説明書、個別包装用の大袋などだ。この上に、送料とOEM会社の管理費の項目が加わる。工場側での製造に関わる項目は、部品表に記載しておく。ここまでのトータルコストが見積原価となる（3章で紹介した[表3-1]）。部品表にない部材や作業が派生すれば、これに足されることになる。現状は大

201

きく変わりようがない。

　量産試作の話になった。機能見本は現状の自分の試作品で問題ないが、手元にも試作品をひとつ置いておきたい。何か不具合が発生した場合に、開発工程を1段階後戻りして再確認するために必要だ。

　こちらで起こした三面図を渡せば、OEM会社のほうでデータをもとにして3Dプリンターでモックアップを作ってくれることになった。

　現地で作れるなら、そのほうが現地のエンジニアの理解も深まる。こちらで作ったものをポンと送ると、意外と意図が伝わりにくい。ただ、歯車だけは3Dプリンターではいまいち精度が出ないので、サンプル品を使うことになった。

●三面図でわかること

　数日後、OEM会社の担当者と再度打ち合わせする。

　あらためて起こした手書きの三面図と部品表を見ながら、ポイントをおさらいしていく。今回は5mm方眼の上に記載してきたので、寸法の感覚はつかめるはずだ。

　三面図とは、製品を正面図、平面図、右側面図で表したもの。描き方はJISの規格で決まっている。設計上必要な図面のひとつで、設計に関わる者が見れば、製品についての外形、中身はほぼこれで理解できる。

　接点金具、モーター、歯車、樹脂成型、プリント基板と話が進む。

　接点金具は、針金の1本線を加工してプラスとマイナスで使う予定にしているが、金属板の打ち抜きでも大して値段は変わらないとのこと。機能に差がなければ、仕様は任せる旨、伝えた。

　モーターは、最も汎用性のある130。以前も他の商品で手配してもらったことがあるので問題ないはずだ。ガジェットなどで使われるモーターの形状や基本仕様は、なぜか日本のマブチモーターのものが世界標準となっている。それだけ普及していた証拠だ。

　モーターとギヤの位置関係を三面図であらためて確認。ピニオンギヤと第2歯車は既製品を、第3歯車はABSで型を起こすことをあらためてお願いした。歯数とモジュール（歯の大きさ）も指定する。

　樹脂の成型部分については、とにかく金型で抜きやすい形であることを優先したい旨、話した。複雑な、抜きにくい形状にするとスライド等が必要になり、値段が上がってしまう。十二分に意識して設計した。

全体構造のキー部品となる、前板・後板はネジで取り付ける。嵌合部は重要だが、ネジを締めすぎる人がいることを想定すると、肉（樹脂の厚さ）が薄い部分をネジが盛り上げてしまい、最終的にバカになって嵌合が効かない可能性もある。その辺の塩梅は、肉の盛り上げを含めて、任せる旨、頼んだ。

　電池ボックスとモーターの台座は一体成型。適宜リブを立てて強度を持たせたり、モーターや接点金具、プリント基板を取り付けるときの嵌合具合など、細かいところはあらためて現地で検討してもらうことに。

　ドリルの溝部分の形状に関しては、現時点では指定しないことにした。推進力を生む重要な部分なので、実際に試しながら最終形状を決めたい。まずは3Dプリンターで試作を作る際、大雑把な形状にしておき、走りを見ながら調整していくことで意見が一致した。

　金型は2型になる旨を確認。したがって成型色は2色。どの部品がどの金型に入るかで、色の違いが出せる。色はデザインの需要な要素だが、金型の共取りの関係で、部品ごとに自由に何色も使えるわけではない。もちろん、お金をかければできなくもないが。

　プリント基板の形状とのせる電子部品についてもあらためて確認。前回の打ち合わせ時にはなかったスイッチを基板に追加することにした。抵抗を1本と、コンデンサーは前回のものに加え2個足すこととした。回路図は自分で描き、基板は工場でデザインしてもらうよう頼む。

　基板にのるキー部品は2つ。micro:bitを差すコネクターとドライバーICだ。どちらも手配部品となる。前回の打ち合わせで渡してはあるが、これも確認。コネクターの仕様の参考に、micro:bitのピン配置図を渡す。ドライバーICはTI社（テキサス・インスツルメンツ社）の「DRV8833」。もちろんTI社製品ではとても値段が合わないので、コンパチ品を探してもらう。

● 顧客アッセンブルの課題

　プラモデル感は大事なので、基本はなるべくお客様に組み立ててもらうつもりでいる。そういう体験も商品性に含まれていると考えている。また、工場でプリアッセンブルしてもらうと当然コストもかかる。

　アッセンブルのひとつは、モーターシャフトへのピニオンギヤの打ちこみ。お客様にやってもらう場合、シャフトとモーターとの隙間（通常はtで表す）が一定しない。打ちこみが浅すぎても深すぎても歯車との噛み合わ

せに支障が出かねない。そこで、アジャスターを付けていくら打ちこんでもそれ以上いかないようにすることにした。

モーターと基板との配線部分も問題となった。お客様にハンダ付けしてもらうつもりでいるが……。

電子工作をやる人なら、この程度のハンダ付けは朝飯前だが、一般の人にとってはハードルが高い、という意見もある。micro:bit自体が教育を目的に作られているため、初心者や子どもが手にする可能性も高いので、電子工作ファン以外がこのジェットモグラ号を購入するケースも十分想定される。結論を出さずに、他の方式も考えてみることにした。

3月には3Dプリンターでの試作と見積を出してくれるはずだ。どれくらいの値段が出てくるのか？　期待と不安の中で結果を待つ。

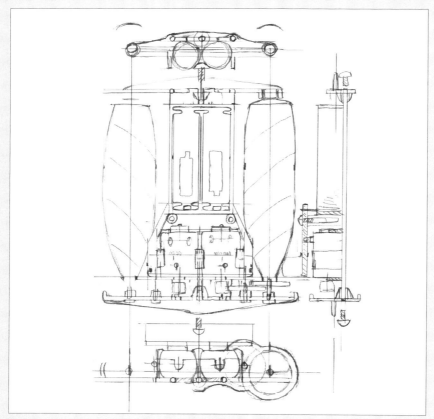

図10-5　「ツインドリル ジェットモグラ号」の三面図

第3話　トラブルは突然に

● 購入部品をチェック

　3月になった。今月中にやらなければならないことは、POを発行し、金型製作をスタートさせることだ。8月初旬のMaker Faire Tokyoでのローンチを考えているので、7月中には正式販売にこぎつけたい。それを前提に考えると、3月末、遅くとも4月頭には、金型の製作に入らないと後のスケジュールが苦しい。

　PO発行のためには、詳細見積がいる。おおよその値段の感覚は持っているが、万が一ズレがあると資金計画に支障が出る。お金は現実だ。数字が出れば、そこはあらがえない。

　できるだけ正確な見積を取ることと、きちんとした製品を作ることはこの段階ではイコールだ。そのために部品表と爆発図、三面図、資料等を出した。

　OEM会社の担当者は、部品表に沿って部品購入の段取りを進めるとともに、内部のエンジニアにCADによる金型図面の作成と、そのデータに基づく3Dプリンターでの試作の出力を依頼したという。この間、細かく図面を提出してもらい、こちらでチェックして戻す、という作業が続くことになる。昼間やお互いに時間が取れそうなときは電話でやりとり。時差は1時間なので中国は楽だ。夜間はメールが飛び交う。図面をもらう→赤字を入れて戻す→戻した図面をもとに電話とメールで打ち合わせる→新しい図面が出る、この繰り返しだ。

　購入部品で問題となる部材は2つあった。

　ひとつはドライバーICだ。同等品OKで指定したテキサス・インスツルメンツ社製のDRV8833の市場価格は0.57USドル（為替レートをUSD1＝JPY110として日本円で62.7円）。製造原価で800円以下を目指しているので、もっと安く仕入れたい。大幅に値が下がることに期待して、引き続きコンパチ品を探すよう頼んだ。

　OEM会社の事務所は、中国・広東省東莞市にある。隣は深圳市だ。こと電子部品に関しては、この一帯には世界で流通しているありとあらゆる製品がそろっているといっても過言ではない。逆を言えば、ここで見つからないものは世の中に「ない」ものだ。追えるだけ追ってもらい、なかったら諦めるしかない。

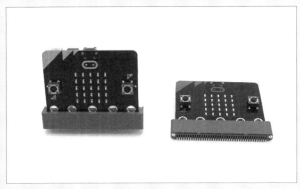

図10-6 2種のコネクター。縦に差すタイプ（左）と横に差すタイプ（右）

　もうひとつは、micro:bitをプリント基板に接続するためのコネクターだ。micro:bitの詳細なピン構成図を渡し、探してもらう。自分が入手したものはmicro:bit専用ということで値段の融通が利きにくそうだ。コンパチ品が見つかるようなら、値段が下がる期待も持てるが……。

　OEM会社からの回答が来た。コンパチ品入手は難しく、そうかといって今回用にオリジナルで作るにはロットが足りないとのこと。在庫を持っているお店を探し、大量発注で少しでも安くさせるぐらいしか方法がなさそうだった。自分が見つけたものは0.8USドルだが、ここからどれだけ下げられるか。

　2週間後、OEM会社からサンプルがきた。

　頭の痛い問題が。形状の違いから使えるコネクターは2種類あることがわかった。横に差すタイプと縦に差すタイプ[図10-6]。大きく値段が異なるわけではないので、どちらかに決めてしまえば、問題はないのだが……。

　当初は横に差すタイプを考えていた。micro:bitを差すとLED画面が真上から見える。矢印などを表示すれば方向指示器代わりになり、楽しい。だが縦に差すタイプも捨てがたい。メッセージを表示する、顔を付けてキャラクター性を出す、といった使い方ができる。性能に差があるわけではないので、お客様の好みといったところだろう。

　3月初め、図面が出てきた。OEM会社のエンジニアが爆発図や三面図などからCADデータに起こしてくれた。細かくチェックして、赤字を入れて戻す。赤字だけでは表現しきれない微妙な課題に関しては、担当者に電話で直接意図を伝える。

修正図面が出てきた。昔ならこれで見積作業を進めるところだが、最近では3Dプリンターで試作を出してくれるところも多い。具体物になる分、CADではわからなかった細かい点に気づくこともでき、問題点の早期発見にたいへん役立つ。

● **試作でワクワク**

3月中旬、3Dプリンターによる試作が届いた[図10-7]。具体物を見ると量産へ向けて実感が湧き、ワクワクしてくる。

部品をチェック。図面上では結構やりとりしたものの、まだまだこの段階では課題が見つかる。細かいところではあるが、最終図面に向けてつぶせる問題はできるだけつぶしておきたい。

OEM会社の担当者から重要な指摘を受けていた箇所がある。この「ツインドリル ジェットモグラ号」は本体を前板と後板ではさむ構造になっているのだが、接続部分はタッピングネジでとめられるよう本体の形状を工夫していた。ところが実際には、締めすぎると、ネジ溝が深く入りすぎて部品を壊してしまい、しっかり接続できない可能性があった。チェックしてみると、やはり危険だった。

先方にも知恵を出してもらい、こちらもあれこれ考えたが、結論としては四角ナットを間にかませることにした。こうすることで、ネジ溝が深く

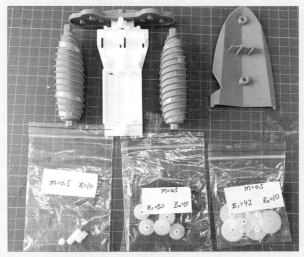

図10-7　3Dプリンターによる試作

なるのを防ぎ、同時に強度も出せる。ただし、本体の該当箇所の形状は大きく変えなければならなくなった。

2種類のコネクターも同梱されていた。micro:bitを差し、ジェットモグラ号にセッティングしてみる。確かにmicro:bitの縦差しと横差しで印象が違う。どちらでいくか、すぐには決めかねた。

全体のデザインという意味では、カバーの占める面積が大きいが、どうもいまいちだ。色のせいもあるが、全体を覆ってしまっているので、鈍重なイメージがする。そもそもメカの一番の見せどころであるツインドリルの回転がこれでは見られない。

あらためて赤字で修正を依頼した。あまりに形状が違うので新たなデザインのようにも見えるが、実は当初の案に戻しただけだ。先端を流線型にして左右を縮め、さらに両サイドを跳ね上げる。中央を持ち上げ、なだらかなカーブをつける。

デザインは商品価値を決める大きな要素ではある。ときには機能と同じかそれ以上の購買動機となることもある。一方、わざわざデザインを施さなくとも、「機能美」という言葉があるぐらい、機能を追求していけばおのずと美しいデザインになる、という考え方もある。どちらも正解だと思う。

今回のような少量生産のガジェットの場合、デザインだけを外注する選択肢は疑問に思う。確かにプロはすばらしいデザインをしてくれる。だが、なるべく安くするための少量生産なのに、デザインに費用をかけてしまい、

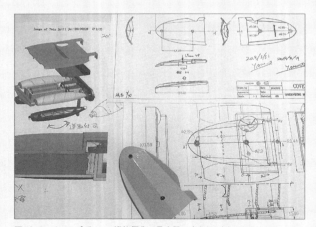

図10-8　カバーデザイン。機能優先で最小限の大きさでまとめた。

肝心の金型や部材に回すお金がショートしたら、本末転倒ではないだろうか。ここはできる限り、自分でマーケティングして、デザインも自分で決めたほうがいいと思う。それでもデザインにお金をかけたいのであれば、それもひとつの決断だ。

　PO発行前の図面や部品表でのやりとりで重要なことは、人任せにしないこと。たいへんでも、自分で図面を読み、問題点を見つける力を身につけたい。それができないと、先方のエンジニア等と有用なやりとりはできない。決断を求められたときに正しい判断が下せないことにもなる。また、意見が衝突したときは、代替案を出す必要もある。いずれにしろ、スピード感を持って次々と課題を解決していかねばならない。

　このあたりの交渉を面倒くさがってOEM会社に任せきりにしていると、先の段階で「こんなはずじゃなかった」「自分が作りたいものと違う」といったことになりかねない。OEM会社のスタッフはプロの管理人であって、何を作るかはあくまで発注者自身の選択なのだ。

● 問題発生

「これは、いったい…」

　スイッチを入れて絶句した。モーターが動かない。耳を近づけるとかすかに音がする。通電はしているが、動作に至らない。

　スケジュール上は、最終見積をもらい、POを発行して、金型GO! の段階にさしかかっている。問題発生だ。

　最初の試作に対する修正図面を出し終え、2回目の試作がOEM会社の3Dプリンターから出力されるのを待つ間、動作チェックを進めるべく、手配してもらったモーター、ICチップ、コネクター、歯車等を組みこんだ。micro:bitのプログラムを終え、コネクターに差して、スイッチオンしたところ、上記のような事態に陥った。

　試作で動かないものは量産では絶対動かない。試作品を上回る量産品はできない。長年やってきて、これは真実だと思う。なんとしても問題を解決して、目の前のモックアップを動かさねばならない。

　ざっと見たところ、形状からくる干渉や歯車の不具合、断線等は見あたらない。

　最初に見た手作り機能見本のおもしろい動きに見とれて、商品化に対する視点や準備が抜けていたようだ！　もっと徹底的にテストを重ねるべき

だった。
「つまずいてしまったが、いい試練だと思って頑張ろう。とりあえず、対策に1週間もらうことにしよう」
いったんモックアップ製作をストップしてもらう。

● **ここからが勝負！**
頭の芯に軽く火がついた。「なんとかしなければ…」という思いはあるが、焦りはない。ものづくりを生業にしてからは、こういう事態の連続だった。問題の源は必ずある。源がわかれば、解決策は必ずある。苦しくはあるが、これを乗り切ってこそプロだといつも自分に言い聞かせてきた。
さらに子細にチェックすると、最低、解決すべき問題は3つあることがわかった。

1. micro:bitが途中でダウンする。
2. 2つのモーターが同時には回らない。
3. ツインドリルの推進力が弱い。

過去の記憶の引き出しを探る。同じような症状が出たとき、どんな解決策が有効だったか。この場合、どれが当てはまりそうか……。
1の問題を追う。モーターを別電源で回して、ジェットモグラのドリルの動きとともに電流の変化を探った。絨毯（じゅうたん）などドリルの設置面の状況によっては、モーターの電流変動がある。動作を続けると、micro:bitの動作電圧3V以下になる瞬間があることがわかった。対策としては、電圧を3V以上にするしかない。やりたくはなかったが、電源を単3乾電池2本から単4乾電池3本（4.5V）へ変えることにした。
電源を変えると仕様変更や部品追加が生じてしまう。電池ボックスの形状を変え、4.5Vではmicro:bitの電源電圧を超えてしまうので、3.3V電源レギュレーターICを追加することになってしまった。
電圧を変えることで、ふと気がついた。もしかしたらと思い、今回のドライバーIC8833の仕様書をもう一度読み返す。ここでも3Vだと動作電圧がギリギリの状態になり、一時的な休止状態が起きることがわかった。試しに電圧を上げると、2つのドリルとも快調に回る。
電源を変えることで、2の問題も解決できた。

ここまでの内容で、電池ボックスの大変更、電池接点端子変更と追加（単3用→単4用）、電源レギュレーターICと周辺部品の追加となってしまう。コストアップは痛いが、設計品質が優先だ！

　念のため、「ドロップアウト」で見動きが取れなくなった場合に備えて、ショットキーダイオード＋3.3Vツェナー＋ケミコンを準備しておく。さらに、チャージポンプIC、ショットキーダイオード＋3.3V電気二重層キャパシタも念のためいつでも使えるようにしておく。加えて、昇圧DC/DCコンバーターICも日本で手配。

　一般に、電源電圧の変更はこのタイミングでは行わない。やるとしたら、大幅なスケジュール変更と企画見直しを提案するのが普通だ。

　今回の突貫作業での対策では、副作用が発生する可能性を感じる。怖い！石橋をたたくように慎重に進めよう。

　電源を変えたのでドリルは快調に回る。それでも接地面をしっかり捉えられず、車体は進まない。3の問題が残った。

● ツインドリルと路面

　ツインドリルが路面を捉えて進むさまはとてもおもしろいし、今回の一番の見せ場だ。回転を上げると、路面上をすべって、なかなかグリップが得られない。まるで、ホイールスピンのドリフト走行のようだ！

　「たわし」のような路面であれば、グリップが出そうだが、なかなかうまいものは見つからない。少なくとも身近にある路面で実験できなければ商品にならない。

　実際にこの仕組みで動くビークルは、知床の流氷観光で使われている流氷砕氷船「ガリンコ号」くらいしか思いつかない。流氷を割りながら進む観光船のスクリューとして使われている。

　アルキメデスのスクリュー（ポンプ）、射出成型機のスクリュー、ミキサー車も似た仕組みである。どれも、液体や粘性のある流体を相手にしているスクリューである。

　今回の「ツインドリル ジェットモグラ号」は陸上を走るビークルを想定しているので、おのずから路面状態を限定してしまう。水陸両用ビークルも考えたが、電子部品と水の相性を考えたらあり得ない企画になってしまう！

　しかし、うまく走る路面を提示する必要があるし、少しでも食い付きの

良いビークルに仕上げていきたい。

　昼夜を忘れてさまざまな実験をした。結果、適度に凸凹のある路面が、具合が良いようだ。

　動きの良いほうから順に、起毛の短いネル生地→ビリヤードテーブル→フラットなシーツ生地→土→アスファルト→人工芝→発泡スチロール→スポンジ→エアキャップ(プチプチ側)→畳→縁側→タイル→使いこまれたフローリング等々の順。

　NG路面は、きれいに磨かれたツルツルのフローリング。

　手入れの悪い、凸凹で傷だらけのフローリングだと、意外にうまく走る。でも、そんなことは取扱説明書に書けない。

　一応、どの家庭にもあると思われる畳での走行をひとつの目安として追いこむことにする。畳は目の方向があるため、動きにひとくせ出るが、実験を重ね、なんとかグリップの良い走りが得られてきた。

● 2つの螺旋が推力を生む

　基本構成は名称の通り２つのドリルをそれぞれ逆方向に回して、ドリルの螺旋にそって前進、後進をさせる。２つのドリルの螺旋はそれぞれ逆にねじられているので、前進または後進方向の推力が発生する。

　推力は螺旋のエッジが路面をグリップして発生する。

　すなわちツルツルの路面ではすべってしまって、思うようにグリップが得られないことになる。

　よくよく観察すると、ドリルの動き出す瞬間に一番大きな推力が出て、すべり始めてから回転を上げてもむだに回転するだけである。

　このヒントをもとに、思い切って回転を落とすと、路面のつかみがよくなる傾向を発見。加えて、螺旋を多くしエッジを効かせたほうが、すべりにくくなる傾向も見て取れた。

　さらに、ツインドリルの先端を狭めて「ハの字」に配置。ドリル回転力のベクトルを前後方向にベクトル分解することで改善が見られた。

　電源電圧を4.5Vに上げたのに、ドリル回転数は大幅に落としたい。結果、ギヤレーションを大改造することにした。歯車1枚を追加して1/3〜1/4のギヤダウン。このギヤ比は自動車でいえばトップギヤだったのをローギヤにチェンジしたことに相当する。

　モーター回転数は、電圧アップ分でさらに上がってしまうので、モーター

コイルの巻き線を細くして巻き数を多くする。0.18mmのエナメル線100回巻きくらいを指定。初期試作は0.24mmエナメル線60回巻きくらいだった。

　電流が少なくなった分、micro:bitリセット頻度が少なくなる効果も期待したい。

　ドリルの螺旋の形状も変更。従来、1筋の螺旋だったのを、2筋加えて合計3筋に。これはネジ用語でいうところの「3条ネジ」に相当する。加えて、螺旋のエッジをシャープに改良した。これで食い付きを改善できる。減速比を変えるため、ペアで歯車を2個追加。同時に歯車に通すシャフトも2本追加になる。

　後板の形状も変えざるを得なくなった。歯車が後ろから見えるとさまにならないので、カーブをつけて隠す形に。どうせなら、ということでジェットエンジンによく見られる穴を扇状に配した形のデザインを入れた。ささやかなギミックだが、かっこよく見えるはずだ。

　micro:bitの差し方も自然と決まってしまった。歯車が盛り上がった分、物理的に横差しできなくなってしまったのだ。縦差しタイプのコネクターを採用することにした。やってみると、デザインとしては収まりもいいように感じられた。ケガの功名といったところか。

　図面の修正に部品表の追加。結構な仕様変更になってしまった。

　ところが、連絡して資料を渡した翌日には、修正された図面がOEM会社のエンジニアからあがってきた。頑張ってくれたようだ。少しでもスケ

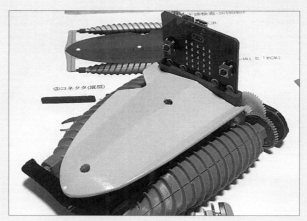

図10-9　micro:bitは縦に差す

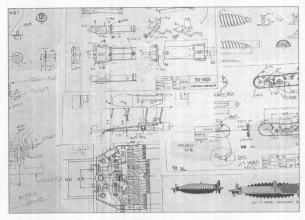

図10-10　修正図面をたくさん描く羽目になった

ジュールを遅らせまいとする努力が感じられる。本当にありがたい。「よくお礼を言っといて」とOEM会社の現地の日本人スタッフに頼んだ。

● 手練手管でPO発行

こうしてなんとか問題を解決し、あらためて２回目の試作を出してもらうことにした。同時に、新たな仕様変更と部品追加を前提にした最終見積も出る。これらをチェックして、POを出すわけだが、現実的にはスケジュール上、すでに１週間遅れている。

遅れを取り戻すためにイレギュラーではあるが、奇策を用いた。金型製作のPOを２段階に分けたのだ。第１段階は、金型となる鋼材（金属の塊）の購入。第２段階は金型製作の依頼。通常、工場は金型製作のPOを受けてから鋼材を発注し、購入する。届くまでには１週間近くかかる。この１週間の間に修正図面による２回目の試作を出してもらい、新たな追加部品を入れて組み立てし、動作チェックを済ませようというのだ。問題がなければ、すぐに第２段階の金型製作POを出す。これで、当初のスケジュールに追いつく。

ここらへんは手練手管のベテランの味といったところでご容赦願いたい。

今回のように量産試作が機能を満たせず、仕様変更・部品追加、といった事態はめずらしくはない。ここまでスムースにきていたので、何か不気味な感じもしていたのだが、ここにきて案の定、問題発生となった。しび

れる1週間だったが、なんとか処理はできたと思う。量産前に見つかったことは不幸中の幸いだ。

　前述の通り、不具合発生直後に電源レギュレーターの入手依頼。もちろん、実験を踏まえて「ドロップアウト電圧」の少ないCMOSでの調査依頼。

　すぐに、中国のサプライヤーから同等品サンプルを送付してもらい、1週間でこちらの手元に届いた。さっそく実験。出力電圧は正しく3.3V出るが、micro:bitがリセットしてしまう。複数個届いているので、入れ替えてやってもやはり不安定。もちろん入力電圧は4.5V以上ある。

　すったらんだで、丸1日実験してもらちがあかず、最後に念のためドロップアウト電圧を測定したらなんと1.5V。届いたサンプルは昔ながらの3端子バイポーラICだった！

　最初に確認すればなんてことはないのだが、CMOSと思いこんで実験していたので多くの時間を割いてしまった。すぐに見直し依頼をかける。台湾製で良いのがあるそうでひと安心。ということで、ほとんどの型図面の大幅変更を実施。回路も変更になったので、プリント基板や部品表も変更する。

　結局、金型スタートを宣言できたのが、4月中旬。約半月の大きなスケジュールロスとなってしまった。

　さて、次の節目はT1あがりと中国出張となる。

第4話　中国で最終チェック

● 問題は必ず起こる

　快晴の中、車は高速道を進む。身動きができないほどの渋滞に巻きこまれることもしばしばあるが、今日はツイているようだ。ここは中国・広東省東莞市。香港の隣、深圳のさらに南の都市。「世界の工場」の中心をなすものづくり系の会社が集まった地区だ。

　OEM会社の事務所がある長安鎮（「鎮」は日本の「区」に近い）から、生産工場のある場所までは高速道を車で約1時間。現地スタッフの車で向かう。

　高速を降り、メインの道路を右折して工場群が密接した地域に出る。その一角に目指す生産工場はあった。過去のものづくりで、すでに何度も来ている工場だ。ただ、今回はいつもは外注している金型を工場の内部で作ったという。実は2日前にT1が東京の自宅に届いていた。T1なので、パーツの嵌合はガタガタ、ネジ穴はユルユルが普通なのだが、意外にフィット感が良く、金型としてはかなり攻めていた。

　T1で金型が「ゆるい」のは、削り過ぎを警戒するからだ。金型は削る分には問題ないが、付け足す事態になると手間がかかり、その分コストはアップする。

　ゆるく作ったT1は、肉が薄い。金型を掘れば、肉は厚くなり、全体がしまってくる。

　それをT1の段階からここまで削ってくるということは、金型製作に対する工場の自信の表れだ。表面の放電加工の状態も悪くなく、特に磨きを指定しなくてもいけそうな気もする。

　それでも細かい箇所で東京から2～3注文を出しておいた。今日はT2が見られるはずだ。

　今回、中国工場でのチェックのメインは、量産へ向けた樹脂成型部品のチェックとプリント基板、モーター、各種メタル部品を組み合わせての動作チェック。スムースに動けば問題ないが、たいていそうはいかない。必ず何らかの問題が出る。

　問題が出れば、原因を探り、ひとつひとつつぶしていく。複層的な原因である場合が多いので、薄紙をはがすように段階を経て、主因を見つけていく。毎度のことながら、食事以外は工場の一室にこもり、原因をあばき、対策を議論する。気がつけば、外は陽が落ち、薄暮の中、工場を出るのが

毎度のパターンだ。

　出発直前、プリント基板のアートワークにミスを見つけた。このままでは、配線上絶対に動かない。慌てて工場にその旨を伝え、修正をお願いした。今日のチェックはできれば修正版で行いたいが間に合ったかどうか。

　工場の事務所内、ショールームを兼ねた20畳ほどの広さの部屋に案内される。樹脂成型の各種部品、モーター、プリント基板、ネジ類、電池接点、歯車などがおのおの袋に入れられ、ずらりと並べられている。

　自分とOEM会社のスタッフ、現地工場の担当者が席につき、挨拶もそこそこにさっそくチェックスタート。まずは、直近の懸案になっていたプリント基板から見ていく。

図10-11　事務所での打ち合わせ風景。さまざまな部品が机に並ぶ

● どこまでプリアッセンブルするか？

　あらためて正しい配線について配線図に赤字を入れながら担当者に説明する。理解はしてもらえたようだ。「すでに修正してあります」と頼もしい返事。

　さっそく、電池ボックス部品に取り付け、電池からの配線を確認する。アートワークに基づき、電子部品を配置した基板は、少ない面積を効率的に使う工夫がなされているが、その分、実際に組んでみると、樹脂成型品や配線のための穴などとの微妙なズレがある。

　モーターに干渉しそうな微妙な箇所を見つけた。上手に穴をずらして、線などが邪魔しないよう、修正案を提示した。

現地スタッフの側からは、動作を安定させるため電解コンデンサーをさらに足す案が出された。杞憂に終わる可能性もあるように思われたが、現地に任せたほうが安全と判断して承認した。予定にない電子部品を追加すれば、コストはアップする。電解コンデンサーのような安価な部品でも、チリが積もれば山となるパターンで、最終的に結構な額になることはままある。ひとつひとつ慎重に判断していかねばならない。

　現地スタッフに伝えなければならない重要事項のひとつに、「工場側でどこまでプリアッセンブルを行うか」があった。当初から議論していたところだが、実際の部品ができてきたときに判断することになっていた。

　実際にプリント基板を取り付け、配線してみると、お客様に作ってもらうには、機能上危険な、つまり動かないような事態に陥る可能性のある箇所がいくつもあることが判明。組み立てて動かなければそれがお客様の組み立て技術に起因しようとも、そういう作業をさせた製作側の責任となる。今までも散々、お客様に組み立ててもらう製品を開発してきたので、そのあたりの線引きには独特の勘が働く。今回はハンダ付けを含め、お客様にやってもらうのは無理と判断した。

　工場でのプリアッセンブル作業についてひと通り提案した。担当者と議論しつつ、工場のワーカーがやる作業について内容をつめる。

　結果的に電池ボックスこみの本体にプリント基板を付け、配線するところまではプリアッセンブルすることになった。モーターへのピニオンギヤの打ちこみもやっておく。お客様側の「作る」楽しみは減ってしまったが、その分、確実に動くはず。

●「配線と接続」で喧々諤々

　電池ボックスからのびたグランド側（マイナス側）のリード線のプリント基板への接続方法について、現地担当者と紛糾した。担当者は、単純に電池からのびた線を上から基板にハンダ付けし、その後をグルーで固める案を出してきた。作業工程が少ないのでワーカーに負担がかからず、その分コストも上がらないのでありがたい提案ではある。

　だが、いかにも危険だ。特に「グルーで固めるから安心」という論理には納得がいかない。過去にそれを信用して痛い目にあった経験があるからだ。

　本編32ページにあるように、接続部分のリード線は、しっかりと取れな

図10-12 配線と接続について話し合う

いよう付けねばならない。そのためには一度、物理的にプリント基板を通したほうが安全だ。基板に穴をあけ、上からではなく下から、穴を通して上に線を抜き、あらためて上からハンダ付けする方法を提案した。こうしておけば、仮にグルーがなくてもまず外れることはない。ただ、基板に穴をあけ、下からリード線を通し、ハンダ付けするので作業は増える。

　ホワイトボードにおのおののやり方を図示して議論。コストアップはこちらも望まないが、万が一線が外れれば、もちろん動かない。輸送時、お客様の組み立て時、完成後の操作時、動かなくなるリスクは常について回る。どちらを優先すべきかはまさに判断のしどころだ。

　ホワイトボードの図を示しながら、英語、中国語、日本語が飛び交う。お互い、苦手言語は片言だが、意志は十分伝わっている。通訳担当の現地スタッフも同席しているが、あえて口出ししない。技術者同士、意志が通じているようなら、口をはさむ必要はないとの判断のようだ。仕事を奪って申し訳ないが、図を交えながらの直接のやりとりのほうが話は早い。

　しばらく、喧々諤々していたものの、プリント基板に穴をあけ、下から線を通し、ハンダ付けするものの、コスト面を考慮し、グルーは使わないことで落ち着いた。これでどれくらいコストが上がってしまうのか心配だが、ここまでしっかり議論したので、コスト的にもこちらが妥協できる範囲と信じたい。

　樹脂成型品を組み、指定したモーターと歯車を取り付け、ネジを締めて1台完成させる。

図10-13 プチプチシート上の「ツインドリル ジェットモグラ号」。なんとか予定の動きをしてくれた

　あらかじめ、一連の動作をするようにプログラムしたmicro:bitを縦差しする。なかなかの見栄えになった。先端へ向けて両ドリルにわずかに角度をつけたのが効いている。

　前述したように、ジェットモグラ号は接地面の状態を選ぶ。ツルツルした面ではすべって動かない。ラシャやネルといった少し毛羽立った布などが合っている。今回は、梱包用のプチプチシートを用意した。簡単に手に入るし、確実にドリルの刃が接地面を捉える。

　広げたプチプチシートの上にジェットモグラ号を置く。電池を入れ、ドキドキしながらスイッチをオン。前進、後退、右向き、左向き、斜めに振り子のように1回動き、中央で止まる。数回繰り返してほぼ毎回同じ位置で止まった。ひと安心というところだ。

　そうこうしているうちにお昼になってしまった。プリント基板関係はひと通り決着がついたので、午後から細かい成型品のチェックをすることに。

● リード線の引き回しでさらに議論

　ランチはテイクアウトのつもりだったが、「近くだから」、ということで工場のスタッフの案内でレストランに。ほぼきっちり1時間で昼食終了。中国式の割には早かった。

　早々に工場へ戻り、まずは樹脂成型品のチェック。

　左右かつ上下、都合4つの部品に分かれているドリルの部品を組む。裏を見ると、1、2、3、4と刻印がある。1と2、3と4がペアになって

いる上下の2つ割。これをはめると、2本のドリルができる。ドリルには左右がある。1と2を組み合わせたドリルが右、3と4を組み合わせたドリルが左。

　午前中、プリント基板周りの配線はすべて工場アッセンブルとした関係で、気になっていた部分がある。リード線の引き回しだ。

　もともとこの製品の電池は2本にするつもりだった、2本であれば、基板のプラス（＋）のリード線 → 電池ボックスの（＋）→ 同（−）→ 同（＋）→ 同（−）→ 基板のマイナス（−）のリード線の順に収まるので問題は起きない。

　ところが、電圧の関係で結局電池は3本になってしまった。その影響で、基板のプラス（＋）のリード線 → 電池ボックスの（＋）→ 同（−）→ 同（＋）→ 同（−）→ 同（＋）→ 同（−）→ 基板のマイナス（−）と、「→同（＋）→同（−）」が1回多いので、電池ボックスの（−）から基板までの距離が長くなってしまう。そのせいで、どうしても長いリード線が必要になってしまったのだ。

　ぶらぶらするリード線をなんとかしたい。見た目が美しくないし、お客様が組み立てるときに誤って引っ張ってしまうことも考えられる。なんとかすっきり収めたい。

　電池ボックスの角に小さなリブを立て、ここを通すことを提案した。これなら、上から電池をセットすれば、ほとんど目立たない。担当者が難しい顔をしたまま考えこんでいる。聞いてみると隙間がないという。リード

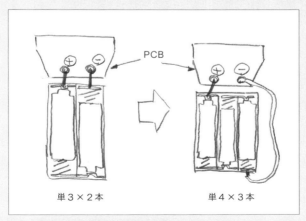

図10-14　電池2本と3本の場合の配線の違い

線の径は約1mm。隅に寄せればなんとかなるように思えたが……。

　まずはお客様が断線させてしまう可能性を強調した。こちらが何を要望しているのか、なぜ必要なのかを説く。必要性を理解してもらえれば、難しい要求もすんなり受け入れてくれることもある。

　再びホワイトボードを図とネームで埋めながら、説得を続けた。ようやく、事態を理解してくれたようだが、方法については承知してくれない。そのうち、下を通してみたら、という案が出た。電池ボックスに穴をあけ、そこを通そうというのだ。確かに裏ブタの底から接地面までは高さがあり、リード線を通しても問題がないように思える。金型の修正を伴うが、断線よりはマシかとも思う。

　いずれにせよ、サンプルをひとつ作ってみて、問題ないかどうか確認する。

　さっと自分で作るつもりで　ハンダごて、ジャンパー線、リード線等、ひと通り道具を持ってきてもらう。完全に動く新しいプリント基板はひとつしかなかったので、ひとつ前のバージョンのものにジャンパー線を2本付け、きちんと機能するプリント基板を作る。

　その間に工場のほうで、電池ボックスに穴をあけてもらった。1mm径の小さい穴なのでほとんど気にならない。基板からのびるリード線を通して電池接点をつないで完成。裏を見れば、リード線が丸見えだが、おもて面はすっきりした。

　電池を入れ、micro:bitを差し、スイッチオン。動きを見ると先程と違い、同じ箇所でどうしてもドリルが引っかかる。最後にきちんと真ん中に収まらない。一瞬、ドリルのギザ付きの見逃しかと思い、バラしてあらためて指の腹で丁寧になぞってみたが、問題はないようだった。

「何が起きているのか」

　もう一度、じっくり観察する。念のため、接地面との隙間を見たら、わずかにリード線が接触していた。リード線をテープ留めしてみる。今度は、すっきりとつっかえることなく、プログラムされた動きを終了。やはり、動かしていくうちに、リード線が垂れ下がってしまうようだ。裏から線を通す方法はこれで却下。あらためて修正を検討する。

　結局のところ、本日は結論が出せなかった。明日、金型の図面を作ったエンジニアと打ち合わせすることとなる。

　ホワイトボードによる最後の確認。明日の予定を検討したところで時間

切れとなり、この日は終了した。

● 最後のつめ

　19階にあるOEM会社のオフィスからは、眼下に大きな交差点が見える。大型のトラックが行き交っている。話によると、アメリカのトランプ大統領が中国からの輸入品に25％の関税をかけてしまう[*1]前に、受けた注文品はさっさと出荷してしまおうというので、陸上、海上とも交通量が多くなっているとのこと。この国の人たちは、ともかくパワフルでたくましい。

　会議室に関係者6人が一堂に会す。昨日出てきた最大の課題、リード線引き回し問題解決のためだ。

　電池ボックス内に基板からリード線を引きこみ、中でマイナス接点にハンダ付けする案は、実際にやってみると、ハンダが電池のマイナスの端にあたって削れ、電池接点との間にショートサーキットができる可能性がある。ショートすると発熱事故が起こりかねないので、このやり方は厳しい、とエンジニアスタッフ側から検討した結果の報告があった。確かにそれは十分起こりうる。納得せざるを得ない。

　そこで次善の策が提案された。

　リード線を電池ボックス内に引きこむのは同じだが、マイナス接点の手前にさらに穴を追加して、そこからいったん電池ボックスの外に出す。マイナス接点の先は取り付けのため、もともと電池ボックスの外に出ている。そこをハンダ付けして結ぼうというのだ。

　こうすれば、リード線の大部分は電池ボックスの内部を通るので接地面との干渉はなく、かつハンダ付けは電池ボックスの外になるので電池とショートすることもない。おまけにワーカーも作業しやすい。

　会議のために急きょ作った引き回しサンプルを見せてもらう。これなら、問題なさそうだ。良い解決法となった。OEM会社のエンジニアスタッフにあらためて感謝する。あとは、これを工場側に確実に伝えてほしい旨、お願いした。

　その他、荷姿についても話し合う。

　まずはユニット化した電池ボックスとプリント基板。次にネジ、接続端

[*1] 2019年5月5日、トランプ大統領が2000億ドル相当の中国製品に対する関税を10％から25％に引き上げると表明した直後だった。

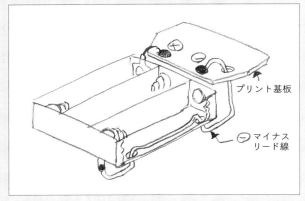

図10-15 リード線引き回しの最終案

子、シャフト等金属関係。ドリル類は1、2をセットにしてキャップで止め、ひとつ。同じく3、4をセットにしてキャップで止め、ひとつ。2つのドリルを同じ袋に入れる。カバーと歯車もこの袋に。都合、4種類の袋となる。これを大きな袋ひとつに入れて、取扱説明書を同梱すれば、完成となる。これを1セットとしてロット分、出荷してもらうことに。

　おおよその問題に決着がついた。少し安心する。残りは色の問題だが、この決定は帰国してからでも十分間に合う。東京で関係者の意見を聞いてみたかったので、ここではペンディングとした。

　遺憾ながら、そこそこ修正が出てしまった。最終見積が変わってしまうことは、認めざるを得なかった。また、ユニット化する作業が入る分、最終的な出荷時期についてもこの場では確定できない。

　OEM会社のスタッフと夕食。この2日間をお互いに振り返る。山あり、谷ありではあったが、機能する量産品を作るという意味では目的を果たせたと思う。

　和やかな雰囲気で宴会が進む中、話はコストアップのことに。
「なんとか高くならないよう努力しますが、上がること自体は避けられないのでよろしくお願いします」
と担当者の弁。
「ともかく、吉報をお待ちしますよ」
と、こちらも笑顔で答えた。見えない火花が飛ぶ。

　信頼はしているが、お金と時間については、現時点では良いとも悪いと

も確約できない。具体的な数字と日にちが出てきてから話し合いたい。
　こうして中国出張もすべて終了。おおむね順調という印象だ。今回の内容をすべて反映したT3が3週間後には送られてくる。

● 「ものをつくる」ということ
「ユニークな動きですね。おもしろい！」
　帰国後、中国から届いたT3の部品を組んで完動品にした。多くの人に動きを見てもらい、感想を聞く。ドキドキ、ワクワクの瞬間。これが楽しい。
　動きも問題ない。おそらくこれがTEとなるだろう。

....

　ひとつの企画を商品にするまで、「ツインドリル ジェットモグラ号」を通して、なるべくリアルに隠すことなく記させていただいた。現実にはいろいろな問題が起きる。その都度対処しながら、なんとかTEにこぎつけた。「ものをつくる」ということは、起こり続ける問題に、解決を与え続ける作業ともいえる。だからこそ、生み出された「もの」には魂がこもる。企画者はもちろん、多くの人の思いが重なる。それがお客様へと伝わって感動を呼び、価値として定着する。アイデアが価値につながれば、「ものづくりのサイクル」は完成だと思う。
　この先、「ツインドリル ジェットモグラ号」が新しい価値を生み出せるかどうかは、市場の判断に任せたい。せめてこのサイドストーリーが、ハードウェアスタートアップを目指す読者のみなさんの参考になれば、と願っている。

付録　関連文書見本

分析試験成績書

依頼者

検体名

財団法人 日本食品分析センター
東京本部　〒151-xxxx ...代々木町52番1号
大阪支所　〒564-0050 ...町3番1号
名古屋支所　〒460-xxxx ...4丁目5番13号
九州支所　〒812-xxxx ...殿眼町1番12号
多摩研究所　〒206-xxxx ...6丁目11番10号
千歳研究所　〒066-xxxx ...2丁目3番
彩都研究所　〒567-xxxx ...あさぎ7丁目4番41号

2008年(平成20年)07月24日当センターに提出された上記検体について分析試験した結果は次のとおりです。

分析試験結果

分析試験項目	結果	検出限界	注	方法
欧州規格「玩具の安全」			1	
アンチモン	検出せず	5 mg/kg		原子吸光光度法
ヒ素	検出せず	1 mg/kg		原子吸光光度法
バリウム	検出せず	50 mg/kg		ICP発光分析法
カドミウム	検出せず	0.5 mg/kg		原子吸光光度法
クロム	41 mg/kg			原子吸光光度法
鉛	検出せず	5 mg/kg		原子吸光光度法
水銀	検出せず	0.1 mg/kg		還元気化原子吸光光度法
セレン	検出せず	5 mg/kg		原子吸光光度法

注1．EN71-3:1994(種類；ガラス/セラミック/金属材料)．ただし，溶出時間を8時間とし，モーターとコンデンサを合わせて有姿のまま試験した．

以　上

本成績書を他に掲載するときは当センターの承認を受けて下さい。

財団法人 日本食品分析センター

食品検査証明書（166ページ）の例①

総数1頁－1完
試　　　号

試 験 成 績 報 告 書

依頼者名：　　　　　　　　　殿
住　　所：

厚生労働省 食品衛生法に基づく登録検査機関
一般財団法人　日本文化用品安全試験所
東京事業所
〒130-8611 東京都墨田区横網1丁目6番4号
電話：03-3829-2515(代)　FAX：03-3829-2549

平成 23年 6月 30日 にご依頼のありました試料の試験結果を、以下にご報告申し上げます。

試　料　名	
試　験　項　目	欧州規格　重金属試験
試　験　実　施　日	平成 23年 7月 7日

1．試験方法
　　玩具の安全に関する欧州規格(EN71 Part3:1995)
　　測定機器：ICP(誘導結合プラズマ)発光分光分析装置

2．試験結果
（単位：mg/kg）

項　　　目	規　格　値	試　験　結　果
溶解性　ひ　素	25 以下	3 未満
溶解性　カドミウム	75 以下	5 未満
溶解性　鉛	90 以下	5 未満

※ 印の試験結果は補正後の値である。

備考		承認		担当者	

＊本成績書の内容を広告物その他に掲載する場合は、予め本財団理事長の了承を受けて下さい。
＊本成績書の一部分だけ複製して使用しないようお願いします。　＊本成績書は提出された試料について試験・検査したものです。

食品検査証明書(166ページ)の例②

INVOICE

インボイス作成日 (Date) :
作成地 (Place) :

ご依頼主 (Sender): TEL FAX お届け先 (Addressee): TEL FAX	お問い合わせ番号 (Mail Item No.): 送達手段 (Shipped Per) : 支払い条件(Terms of Payment): □有償 (Commercial value) □無償 (No Commercial value) 　□贈物 (Gift) □商品見本 (Sample) □その他 (Other)

内容品の記載 (Description)	正味重量 (Net Weight) Kg	数量 (Quantity)	単価 (Unit Price) 通貨(Currency) JPY	合計額 (Total Amount)
総合計 (Total)	0.0kg		F.O.B.JAPAN	0

郵便物の個数　(Number of pieces)
総重量(Gross weight) Kg　　　　　　　　　　　　署名(Signature)
原産国(Country of Origin)

INVOICE（送り状）（77ページ）の例

Invoice

DESIGN HOUSE OMINO

To:
- ATTN To:
- CO. Name:
- Tel:
- Fax:
- E-mail:

From:
- Name:
- Tel:
- Fax.:
- Ref no.:
- E-mail:
- Date:

Order Details:

Item	Details	Unit Price (JPY)	Quantity	Price (JPY)
1	Prastic Parts for　　Unit Parts design Fee	50,000	1	50,000
2				
3				
4				

Sub Total:		50,000
Discount:		-
Deposit:		-
Total:		50,000

Remark:
Payment Terms: T/T COD
Bank Information is following:
1. Bname of the Bank/Branch: THE BANK OF TOKYO-MITSUBISHI UFJ, LTD.
2. Bank Address: 2-7-1 MARUNOUCHI CHIYODA-KU TOKYO 100-8388 JAPAN
3. Country Name: Japan
4. SWIFT Code:
5. intermediated Bank: unspecified
6. intermediated Bank SWIFT Code: unspecified
7. Recipient's name"
8. Account number:

Declaration:
I would like to confirm the order to open up production. And I am sure all the information provided is true and correct

Signature: _____　　Approval By: _____

Date _____　　Date: _____

INVOICE（請求書）（77ページ）の例

DEBIT NOTE

No. .... Date: 30th OCT., 2018

Messrs.

We confirm that we have duly placed the under mentioned amount to the debit of your account with us.

YOUR ORDER NO.	OUR SALES NOTE NO.	INVOICE NO.	SHIPPED VIA

QUANTITY	DESCRIPTION	UNIT PRICE	AMOUNT
	THE FOLLOWING CHARGES HAVE BEEN PAID ON YOUR BEHALF		
1,000 PCS	1A) MATERIAL COSTS - 3MM LENS	@US$0.28	US$ 280.00
1,000 PCS	1B) MATERIAL COSTS - 15MM LENS	@US$0.45	US$ 450.00
	2) SCORE JAPAN COURIER CHARGE FOR SENDING 1,020PCS 3MM LENS & 1,020PCS 15MM LENS FROM CHINA TO JAPAN ON 17 OCT 2018 (AIRWAY BILL NO: 685 734 9015)		US$ 93.00 US$ 823.00
	THE AMOUNT DEBITED TO YOU :		US$ 823.00

Remarks: PLEASE REMIT THE PAYMENT BY T/T TO

VERY TRULY YOURS,

MANAGING DIRECTOR

DEBIT NOTE（77ページ）の例

中国流通王

SCORE JAPAN CO.,LTD.

上海永龍寶國際貨物運輸代理有限公司

東　京 03-5628-3591　上　海 021-6019-6377

大　阪 06-4706-1505　深　圳 0755-2377-4196

名古屋 0586-28-0470　香　港 852-2384-1438

URL http: //www.scorejp.com

9 8 8 1 8 8 7 8 8 1

From (Shipper)/寄件公司/荷送人					
Address/地址/住所					
Country/國家 City/城市/都市 香港/	Postal Code/郵編 【20】	Contact Person/負責人	Date/日期 / /	Phone	
				Fax	
				H.P	

Shipper Account/发件方帐号	
HK1654	
運賃支払	☑
税金支払	☑

＊您的签名意味着您已经阅读并接受本单背面条款。　Your signature means you fully read and accept all points in the notice!

To (Importer)/进口公司/實輸入者 [SAME AS CONSIGNEE]					
Address/地址/住所					
Country/國家 City/城市/都市	Postal Code/郵編	Contact Person/負責人	部署名	Phone	
				Fax	
				H.P	

Importer Account/进口方帐号	
運賃支払	☐
税金支払	☐

Consignee Account/收件方帐号	
HK1654-24	
運賃支払	☐
税金支払	☐

＊第二栏如空白，进口公司自动认为是收件公司　Consignee becomes importer automatically when the above-mentioned column is a blank

DeliveryTo (Consignee)/收件公司/配達先					
Address/地址/住所					
Country/國家 City/城市/都市 日本	Postal Code/郵編 JAPAN	Contact Person/負責人	部署名	Phone	
				Fax	
				H.P	

Shippment Details	
Piece	Weight
2	Kg
Dimension(cm)	
× ×	

Commodity description (ENGLISH) 申報内容及詳細説明(英文)	Origin (ENGLISH) 原産國(英文)	Quantity 件数	Unit Price 单价(USD)	Declared Value 申報價格(USD)
Total Declared Value 申報總價格(USD):				
Term of Trade 貿易条件	☐ FOB	☐ C&F	☐ CIF	

Pick Up By 取件員簽名	
Delivery By 派件員簽名	

Receiver's Name 收件人簽名	
Date 日期	/ /
Time 时间	:

中国流通王の送り状（78、181ページ）の例

2017年

注文書

_____御中

担当者
連絡先：TEL
FAX

下記の通り、注文いたします。

納入期日 (空欄の場合下記納記事 項参照)	2018年3月31日	納入場所	EX works China
		支払条件	納品後15日以内

品番注目	品名	数量	単価(US$)	金額(US$)
	成型品ユニット	500	$5.40	$2,700.00
	金型: ABS型　1式　2型	1	$16,200.00	$16,200.00
			小計	$18,900.00
			合計	$18,900.00

特記事項：　梱包仕様：1pc/PEバッグ
　　　　　　200pcs/外箱
　　　　　　図面に基づく仕様による

注文書（PO、発注書）(74ページ)の例

(19)日本国特許庁（ＪＰ)　　(12)　**公　開　特　許　公　報**(A)　　(11)特許出願公開番号

特許課整理番号　第 762 号

特開平9－102100

(43)公開日　平成9年(1997)4月15日

(51)Int.Cl.⁶　　識別記号　庁内整理番号　　　FI　　　　　　　　　　　技術表示箇所
　　G 0 8 G　 1/14　　　　　　　　　　　　G 0 8 G　 1/14　　　A
　　E 0 4 H　 6/00　　　　　　　　　　　　E 0 4 H　 6/00　　　A
　　G 0 1 S　17/88　　　　　　　　　　　　G 0 6 M　 7/00　　　Q
　　G 0 6 M　 7/00　　　　301　　　　　　　　　　　　　　　　301B
　　　　　　　　　　　　　　　　　　　　　G 0 7 C　 9/00　　　Z

審査請求　未請求　請求項の数3　OL　（全 9 頁）　最終頁に続く

(21)出願番号　　特願平7-256597　　　　　(71)出願人　000000930

(22)出願日　　　平成7年(1995)10月3日

　　　　　　　　　　　　　　　　　　　　(72)発明者

　　　　　　　　　　　　　　　　　　　　(74)代理人　弁理士

(54)【発明の名称】　車両台数管理装置

(57)【要約】
【課題】　光学式センサユニットを適切に配置し、駐車場の出入口を通過する車両の台数を正確にカウントすることができ、駐車状況を通知することができる車両台数管理装置を提供する。
【解決手段】　複数のレースウェイ10に複数の光学式センサユニット1を配設し、レースウェイ10の光学式センサユニット1の間隔Wを車両の幅Woより短く、レースウェイ10の間隔Lを車両の車長Loより短く設定して、光学式センサユニット1からのセンサ情報に基づいて在車情報処理装置6が車両通過パターンから車両通過を1台づつカウントし、表示板4に駐車場の空車台数表示するとともに在車情報処理装置6に駐車状況を表示する。

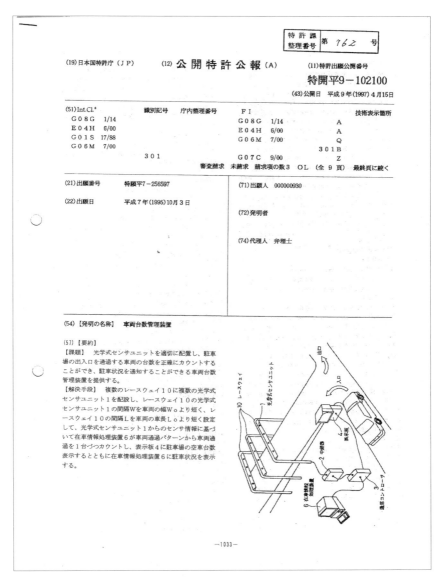

－1033－

公開特許公報の例。特許を出願（171ページ）すると、1年半後にこのように特許庁から公開される

233

あとがき

　執筆とは手間のかかるものです。材料集めや下調べから始まって、文章にまとめるまでに大変な時間と労力を必要としました。
　今回、ハードウェアの企画から生産、商品化までの流れを、執筆作業と同時並行で行いました。ものづくりに関しては、今まで何度となく進めていたので、自分なりに整理できていると思いこんでいましたが、あやふやな知見もあることに気づきました。また、多岐にわたるノウハウやセオリーをわかりやすく表現することの難しさも改めて思い知りました。
　昨今は、簡便で精度の高い工作機械とコンピューターの助けによって、誰でも簡単に試作モデルができるようになりました。デジタル革命ですね！
　メイカーやスタートアップのみなさんには、新鮮なアイデアをもとに、企画・開発力を磨いていただき、素晴らしい企画立案から量産にこぎつけていただきたいと思います。
　本書では、在来の海外生産の流れや貿易を正しく理解していただいた上で、「小規模工場にOEM生産を依頼して、なるべく生産ライン（ベルト）を使わない方法で量産する」という提案をさせていただきました。最小のロット・少ない資金で、樹脂成型品やメタル部品、プリント基板の輸入を実現しました。サイドストーリー「発進！『ツインドリル ジェットモグラ号』」の展開が、まさにその流れになっています。
　今回、多くのページをさいて量産化について説明させていただきましたが、まだまだ言い足りないことも多く、忸怩たる思いでおります。今後も精進を重ねますので、ご了承をお願い申し上げます。
　「ツインドリル ジェットモグラ号」の製作にあたり、多くの方々のご協力を得ました。この場を借りて、厚く御礼申し上げます。

また、編集作業にご協力いただいたオライリー・ジャパン・関口伸子氏、エディトリアルサービス「SHIGS」代表・金子茂氏には感謝のあまり、言葉がございません。

　できるだけ多くのメイカーとスタートアップの方々が量産に挑み、素晴らしい商品を世に送り出すことを願ってやみません。

令和元年7月
東京練馬区の自宅にて
小美濃芳喜

量産を目指す個人のスタートアップの方あるいは企業の方限定となりますが、ご相談等お受けします。次のアドレスへメールでお問い合わせください。

ureely@gmail.com

内容によってはお時間をいただく場合がございます。また、メールでお答えできない場合は、別途面会等でのアドバイスもお受けします。

※メールの受信拒否設定をお確かめの上、お問い合わせください。

完成しました!!

micro:bitで動き方を自在にプログラミング！

ツインドリル ジェットモグラ号

FRONT

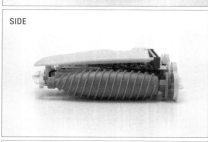

SIDE

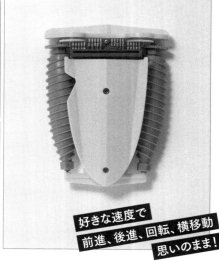

好きな速度で前進、後進、回転、横移動思いのまま！

REAR

https://yoshikiomino.github.io/mole/
価格：2000円（＋税）
製造元：開発・製造 オミノデザイン
取り扱い：スイッチサイエンスなど

※micro:bitは入っていません。別途ご用意ください。

[著者紹介]

小美濃 芳喜
おみの よしき

1952年生まれ、東京出身。日本大学・木村秀政研究室で人力飛行機storkの設計・制作（世界記録更新）。1976年渡米、RCAにて電子工学の修業。1985年、学習研究社（現・学研ホールディングス）に入社。CCDカメラの開発に従事（スペースシャトルに採用）。1990年より、「科学」と「学習」や「大人の科学」シリーズの教材企画開発に携わる。2016年、企画室「オミノデザイン」を設立。技術顧問として活動。

撮影：加藤 甫

メイカーとスタートアップのための量産入門
200万円、1500個からはじめる少量生産のすべて

2019年8月 8日　初版第1刷発行
2021年10月8日　初版第3刷発行

著者　　　　小美濃 芳喜（おみの よしき）

発行人　　　ティム・オライリー
編集協力　　SHIGS
デザイン　　waonica
本文イラスト　オミノデザイン
本文撮影　　SHIGS
商品撮影　　香野 寛

印刷・製本　日経印刷株式会社

発行所　　　株式会社オライリー・ジャパン
　　　　　　〒160-0002 東京都新宿区四谷坂町12番22号
　　　　　　Tel（03）3356-5227　Fax（03）3356-5263
　　　　　　電子メール japan@oreilly.co.jp

発売元　　　株式会社オーム社
　　　　　　〒101-8460 東京都千代田区神田錦町3-1
　　　　　　Tel（03）3233-0641（代表）　Fax（03）3233-3440

Printed in Japan（ISBN978-4-87311-884-0）

本書は著作権上の保護を受けています。本書の一部あるいは全部について、
株式会社オライリー・ジャパンから文書による許諾を得ずに、
いかなる方法においても無断で複写、複製することは禁じられています。